BEI GRIN MACHT SICH IHR WISSEN BEZAHLT

- Wir veröffentlichen Ihre Hausarbeit, Bachelor- und Masterarbeit

- Ihr eigenes eBook und Buch - weltweit in allen wichtigen Shops

- Verdienen Sie an jedem Verkauf

Jetzt bei www.GRIN.com hochladen und kostenlos publizieren

Bibliografische Information der Deutschen Nationalbibliothek:

Die Deutsche Bibliothek verzeichnet diese Publikation in der Deutschen National-
bibliografie; detaillierte bibliografische Daten sind im Internet über http://dnb.d-
nb.de/ abrufbar.

Impressum:

Copyright © 2003 GRIN Verlag, Open Publishing GmbH
Druck und Bindung: Books on Demand GmbH, Norderstedt Germany
ISBN: 9783638731546

Dieses Buch bei GRIN:

http://www.grin.com/de/e-book/21183/multicast-video-over-lan

Marco Scherzinger

Multicast-video over LAN

GRIN Verlag

GRIN - Your knowledge has value

Der GRIN Verlag publiziert seit 1998 wissenschaftliche Arbeiten von Studenten, Hochschullehrern und anderen Akademikern als eBook und gedrucktes Buch. Die Verlagswebsite www.grin.com ist die ideale Plattform zur Veröffentlichung von Hausarbeiten, Abschlussarbeiten, wissenschaftlichen Aufsätzen, Dissertationen und Fachbüchern.

Besuchen Sie uns im Internet:

http://www.grin.com/

http://www.facebook.com/grincom

http://www.twitter.com/grin_com

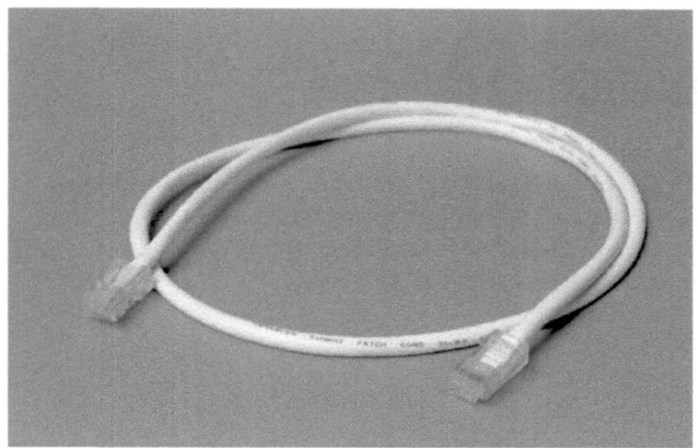

Multicast-Video over LAN

<u>Diplomarbeit</u>

Fachbereich Elektrotechnik / Nachrichtentechnik
Filière Genie des systèmes industriels / télécommunication

DFHI / ISFATES

Hochschule für Technik und Wirtschaft des Saarlandes
Université de Metz

Angefertigt von

Marco Scherzinger
Matrikelnummer 3376346

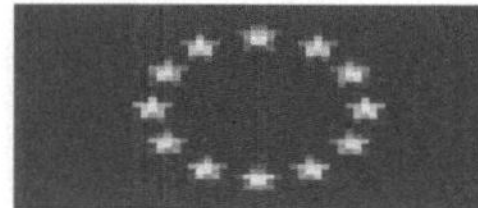

Angefertigt am Amt für Veröffentlichungen der Europäischen Gemeinschaften,
2,rue Mercier, L-2985 Luxembourg
Dauer : vom 03.03.2003 bis 31.08.2003

Betreuender Professor an der Heimathochschule : Prof.Dr.Wieker
Betreuender Professor an der Partnerhochschule : Prof.Dr.Lumbreras
Betreuender Mitarbeiter : Herr Wolfgang Doepke

<u>Eidesstattliche Erklärung</u>

Hiermit versichere ich, die vorliegende Arbeit selbstständig und unter ausschließlicher
Verwendung der angegebenen Literatur und Hilfsmittel erstellt zu haben.
Die Arbeit wurde bisher in gleicher oder ähnlicher Form keiner anderen
Prüfungsbehörde vorgelegt und auch nicht veröffentlicht.

Datum:

Unterschrift: _______________________________________

"Die Menschen drängen sich zum Lichte, nicht um besser zu sehen,
sondern um besser zu glänzen. "

Friedrich Nietzsche, 1844-1900

Inhaltverzeichnis :

1. **Einführung**

Die folgende Diplomarbeit beschäftigt sich mit der Übertragung von
Videokonferenzen der EU als Multicast im Intranet des Amtes für
Veröffentlichungen der Europäischen Gemeinschaften.
Wichtig dabei sind die verwendeten Protokolle und die Last im
Netzwerk, die möglichst gering gehalten werden sollte.
Desweiteren wurde die kostengünstigste Variante gewählt.
Das Hauptaugenmerk dieser Arbeit liegt somit auf der Codierung von
Multimediadaten und auf dem Einrichten des Windows Media Encoders
und des Microsoft Windows Media Services.

1.1 **Danksagung**

Für die Unterstützung in meinem Stage und bei der Durchführung meiner
Diplomarbeit möchte ich mich bedanken bei:
*Mr Kevin Dorrell, die équipe réseau des OPOCE , Herr Harald Krauss,
Prof. Dr. Wieker, Prof. Dr. Schmitt, Prof. Dr. Dr. Lumbreras, Herr
Wolfgang Doepke, GOOGLE und
allen anderen Menschen die mich ermutigt haben.*

2. <u>Sujet non téchnique</u>

<u>2.1 Präsentation des Amtes für Veröffentlichungen
der Europäischen Gemeinschaften</u>

Das Amt ist zuständig für alle Arten und Formate von Veröffentlichungen

der Europäischen Gemeinschaften.
Bild 2.1.1

Die erste Aktivität des Amtes datiert aus dem Jahre 1952, es handelte
sich damals um das *Amtsblatt der Europäischen Gemeinschaft für Kohle*

und Stahl, welches in Deutsch, Französisch, Italienisch und
Niederländisch veröffentlicht wurde.
Die Kunden sind die Autorendienste der EG, das Publikum sind die
Bürger der EU und alle Interessierten aus der ganzen Welt.
Im Bereich der neuen Medien übernimmt das Amt eine Vorreiterrolle in
Europa.

Bedeutende Veröffentlichungen ist z.B. das Amtsblatt der Europäischen
Union, das täglich in den 11 europäischen Arbeitssprachen und in Gälisch
, ab dem 1. Mai 2004 (mit Eintritt der weiteren Mitgliedsstaaten) in
insgesamt 20 Sprachen erscheint, was im weltweiten Verlagsgewerbe
einzigartig ist.

Aufgabe der Publikationen ist es in erster Linie, die europäische Politik
und Gesetzgebung für die Bürger einsichtiger und besser verständlich zu
gestalten und somit eine gewisse Transparenz zu schaffen.

Durch das Internet ist der Andrang auf die zur Verfügung gestellten
Informationen in den letzten Jahren rapide angestiegen, die Gesamtzahl
nahm von 2001 bis 2002 um 91,3 % zu.

Im Jahr 2002 konzentrierte sich die Tätigkeit des Amtes auf folgende
Schwerpunkte:
- Steigerung des Umfangs der elektronischen Veröffentlichung von
  Rechtstexten;
- Ausbau eines zentralen Zugangs zu EU-Rechtsvorschriften, zur
  Rechtsprechung und zu Vorschlägen für Rechtsakte;
- Verbesserung der Qualität und des Erfassungsbereiches des
  juristischen Mehrwert-Informationsdienstes CELEX, einer für
  einschlägige Rechtsexperten unzweifelhaft attraktiven Datenbank,
  was durch eine neuerliche Einnahmesteigerung um 8,5 % unter
  Beweis gestellt wird;;
- Auflage neuer Fassungen der CD-ROM ABl. S und ABl. L + C;
- weitere Konsolidierung der Gemeinschaftsgesetzgebung (die
  Nacharbeiten in den elf Sprachen dürften bis Mitte 2003
  abgeschlossen sein);
- Aufbau eines Publikationsportals (Projekt „EU-Bookshop") in
  Verbindung mit Produktionsverfahren vom Typ „Druck auf Abruf"
  (Printing on demand) mit dem längerfristigen Ziel, die
  Veröffentlichungen zwecks Schaffung einer umfangreichen

dematerialisierten Dokumentation systematisch in elektronischen Dateien zu archivieren und die realen Bestände zu reduzieren;
- Anwerbung von bis zu 110 Hilfskräften, wovon 70 ihre Arbeit im Jahre 2002 begannen, mit deren Hilfe die Sonderausgaben des Amtsblattes, die das abgeleitete Recht in den neuen Amtssprachen enthalten werden, bis zum 1. Mai 2004 produziert werden sollen;;
- Erarbeitung der Lastenhefte für neue Ausschreibungen insbesondere im Hinblick auf die Erneuerung der Verträge über die Herausgabe des Amtsblattes in 20 Amtssprachen im Zuge der Erweiterung der Europäischen Union.

Im Jahre 2002 stellten die europäischen Organe für das Amt insgesamt rund 58,78 Mio. EUR an Finanzmitteln bereit. Die Zahl der Planstellen belief sich 2002 auf mehr als 520.

Im Jahre 2003 plant das Amt die Weiterführung bzw. Neuauflage nachstehender Großprojekte:
- Abschluß der Konsolidierung des geltenden Gemeinschaftsrechts in den elf Amtssprachen und Beginn der Konsolidierung in den neuen Amtssprachen im Zuge der Erweiterung;
- Schaffung eines EU-Bookshop-Portals mit laufender und historischer Zufuhr an Gemeinschaftsveröffentlichungen;
- Entwicklungen neuer Produktions- und Vertriebsmethoden für das Amtsblatt und andere Veröffentlichungen;
- Anpassung sämtlicher Datenbanken und Internetseiten des Amtes im Hinblick auf die Erweiterung, insbesondere mit Hilfe von Übersetzungen der Begleittexte und Schnittstellen in den Landessprachen der Kandidatenländer;
- Einstellung erläuternder Texte in EUR-Lex , um es dem Bürger zu ermöglichen, die Entwicklung des Gemeinschaftsrechts zu verstehen und mitzuverfolgen, wozu auch eine „gesetzestechnische" Rubrik mit Verweisen auf den interinstitutionellen Leitfaden der europäischen Informationsquellen sowie eine Sammlung einschlägiger Dokumente gehört;
- weiterer Ausbau von EUR-Lex und CELEX;
- Anpassung der CELEX-Seite auf die Bedürfnisse von Sehbehinderten;
- Anlauf der realen Arbeiten im Zusammenhang mit der Produktion des abgeleiteten Rechts in den neuen Amtssprachen im Hinblick

auf die Veröffentlichung der Sonderausgaben des Amtsblattes vor dem Erweiterungsdatum 1. Mai 2004; (im Rahmen der gegebenen Möglichkeiten) sukzessive Einstellung der – übersetzten und beglaubigten – Texte des „EG-Besitzstandes" in den neuen Sprachen in EUR-Lex/CELEX. Zur amtlichen Veröffentlichung in den Sonderausgaben des Amtsblattes werden diese Texte in provisorischer Form veröffentlicht;

- systematische Bereitstellung konsolidierter Texte in EUR-Lex und Überarbeitung der zusätzlichen Angaben (Datum der Aktualisierung)..

Schlüsselzahlen für 2002:

Mitarbeiter 520 Beamte
Haushaltsmittel Amtes (A-342): 71,87 Mio. EUR
Funktionshaushaltsmittel des Amtes:
*Konsolidierung (A-343): 8,50 Mio. EUR
S Amtsblatt (Öffentliche Ausschreibungen) (B5-304) 30,76 Mio. EUR
 *Sonstige Ausgaben 1,65 Mio. EUR
Abgerechnete Leistungen (Institutionen und Einrichtungen): 58,78 Mio.EUR
Produktion:
-Amtsblatt 954 Nummern
        705 262 Seiten
        202 683 Ausschreibungen
-Veröffentlichungen 6 750 Titel
        567 243 Seiten
Anzahl der kostenpflichtigen Abonnements 30 642
 <u>Abgerechnete Verkäufe 15,29 Mio. EUR</u>
Anzahl der vertriebenen Exemplare 52 Mio.
Exemplare auf Lager 40,6 Mio.

<u>Standorte:</u>

Das Amt hat in Luxemburg insgesamt 3 Standorte:

Gare (2 rue Mercier)
Gasperich (3 rue Emile Bain)
Kirchberg (Gebäude Jean Monnet - rue Alcide de Gasperich)

Wobei die Aufgabenaufteilung wie folgt ist:

Management	Ressourcen	Infrastruktur	Amtsblatt	Verteilung
Gare	Gare	Gare	Gare	Gare
		Kirchberg		Gasperich

Autorendienste	Veröffentlichungen	Multimedia	Einsicht in das Gemeinschaftsrecht		
Kirchberg	Kirchberg	Kirchberg	Kirchberg		

Tabelle 2.2.1

Diplomarbeit von Marco Scherzinger

2.2 Luxemburg

[3]

Bild 2.2.1

2.2.1 <u>Geographische Daten</u>

Luxemburg liegt zentral in Westeuropa, die Nachbarländer sind
Deutschland im Osten, Frankreich im Süden und das Königreich Belgien
im Westen und Norden.

Die Fläche beträgt 2586 km², gerade mal 17 km² mehr als die des
Saarlandes, die Einwohnerzahl 413 000, daraus ergibt sich eine
Bevölkerungsdichte von 160/km².
Der Ausländeranteil liegt bei 33 %.

Landessprache ist seit einigen Jahren wieder luxemburgisch, die
Verwaltungssprachen sind luxemburgisch, französisch und deutsch.
Das Bruttoinlandsprodukt liegt bei 35840 US-$ (vgl Deutschland 23650),
die Auslandsverschuldung bei ca. 2,5 Mio. €.
Arbeitslose gibt es relativ wenige, die Quote beträgt 3,3 %.
Die Staatsform ist eine parlamentarisch-demokratische (konstitutionelle)
Erbmonarchie.

Landschaftlich teilt sich das Großherzogtum in 2 Formen:
Das so genannte Ösling im Norden, welches ca. ein Drittel der
Gesamtfläche einnimmt, und das Gutland.
Das Ösling ist eine hochgelegene Wald- und Wiesenlandschaft und
beinhaltet den höchsten „Gipfel" Luxemburgs, den Buergplaz bei
Huldange mit 559m. Das Gebiet ist spärlich bewohnt, man findet
hauptsächlich Landwirtschaft.
Das Gutland liegt insgesamt etwas tiefer, bei Wasserbillig erreicht es den
tiefsten Punkt des Landes mit 130,3m.
Hier befindet sich auch die Hauptstadt, in einer durch den Fluss Alzette
gegrabenen Schlucht.

Die Mosel fließt als natürliche Grenze von Schengen bis Wasserbillig, an
ihren Ufern findet sich ein riesiges Weinanbaugebiet mit hervorragenden
Weinen und edlem Obst.
Das Klima in Luxemburg ist mit dem in Südwestdeutschland zu
vergleichen.

2.2.2 <u>Die Geschichte</u>

Bild 2.2.1

In der Nähe von Remich und Diekirch wurden altsteinzeitliche Werkzeuge gefunden, was darauf schließen lässt dass in diesem Gebiet damals auch der Neandertaler lebte.

Ca 600-200 v.Chr residierte die Hunsrück-Eifel-Kultur unter anderem auf dem Gebiet des heutigen Luxemburg, man fand zahlreiche Hügelgräber und Fliehburgen.

Im 1. bis 3. Jh. n.Chr. , nach der Eroberung Galliens durch Julius Cäsar wird das Land zunehmend romanisiert, der Handel, die Landwirtschaft und das Handwerk entwickeln sich mithilfe der Römer prächtig.

Nachdem vom 3. bis 5. Jh. n. Chr. die Germanen immer wieder den
Limes durchbrechen wird Trier im Jahre 475 von den Franken erobert
und somit das umliegende Gebiet von den Römern befreit.
Der fränkische Herrscher Chlodwig wechselt zum Christentum und das
Gebiet wird in der darauffolgenden Zeit christianisiert.

Im Mittelalter folgt dann der wichtigste Schritt:
963 kauft der Ardennergraf Siegfried von einer Abtei in Trier einen
Felsvorsprung am Fluss Alzette. Dort lässt er eine Burg errichten, die
später als der Grundstein für die Stadt und das Land Luxemburg sein soll.

Bis ins Jahr 1136 wird Luxemburg von dem Ardennerhaus regiert, bis
schließlich Graf Konrad II stirbt und Graf Heinrich IV von Namur dessen
Thron beansprucht. Dieser stirbt 1196, und Otto von Burgund erhält das
Land. Dieser verkauft es an Graf Theobald von Bar, der mithilfe seiner
Frau, der Tochter von Heinrich IV, die Verwaltung und die Besitztümer
des kleinen Landes verbessern und vergrößern.

1308 wird Heinrich VII, Graf von Luxemburg, deutscher König und 4
Jahre später, 1312, Kaiser des Heiligen Römischen Reiches Deutscher
Nation. Da er sich nun nicht mehr Luxemburg widmen kann ernennt er
1310 seinen 14jährigen Sohn Johann, der später erblindet und wegen
einer Schlacht als Held stirbt, zum Grafen von Luxemburg. Johann
verdankt Luxemburg übrigens auch die alljährlich stattfindende
Schobermesse.

Nach einigen Machtwechseln, zuletzt Wenzel II, ein Alkoholiker, fällt
das Land 1443-1506 in die Hände der Burgunder, dann 1506-1684 und
1697-1714 der Spanier, 1714-1795 der Österreicher und 1684-1697 und
1795-1814 der Franzosen.
Deren Herrscher, Ludwig XIV, lässt seinen Festungsbaumeister Vauban
(der auch die Stadt Saarlouis bauen ließ) Luxemburg zu einer der größten
Festungsanlage Europas ausbauen („Gibraltar du Nord").
Der Wiener Kongress erklärt nach der Niederlage Napoleons Luxemburg
als unabhängig, 1830 wird es jedoch ein Teil Belgiens.
Nach einigen Streitereien erhält das Land 1839 seine heutige Gestalt,
einige Gebiete fallen an Belgien und die Niederlande ab.
1868 wird die großteils heute noch gültige erste eigene Verfassung
ausgearbeitet.

1914-1918 Trotz einer garantierten Neutralität durch den Londoner Vertrag von 1867 marschieren deutsche Truppen ein und halten das Land während des Krieges besetzt.
1939-1945 auch im 2. Weltkrieg hält sich Deutschland nicht an die Neutralität und marschiert 1940 ein. Großherzogin Charlotte und die Regierung fliehen ins Exil. 1944 befreien die Amerikaner das Großherzogtum.
1945 kehrt Charlotte zurück, Luxemburg wird Gründungsmitglied der Vereinten Nationen, 1948 auch der NATO.
1964 Charlotte dankt ab und überlässt das Amt ihrem Sohn Jean, der bis heute Großherzog ist.
1984 löst Lëtzebuergesch Französisch ab und wird zur offiziellen Nationalsprache

2.2.3 Banken in Luxemburg

Bild 2.2.3.1

Luxemburg ist allgemeinhin bekannt als Land der Banken, 220 davon
gibt es, darunter alleine 70 deutsche.
Über 20000 Menschen in Luxemburg arbeiten in Banken, Tendenz immer
noch leicht steigend.
Dass sich dieses Land zu einem Finanzmekka gemausert hat hat einige
Gründe:
Man rechnet mit 365 statt wie üblich mit 360 Zinstagen
Es besteht für die Banken keine Verpflichtung, eine zinslose
Mindestreserve bei der Zentralbank zu hinterlegen
Niedrigere Steuern und somit besseres Wachstum für den Finanzmarkt
Ein sehr strenges Bankgeheimnis und somit Diskretion
Politische Stabilität

Viele Deutsche haben Konten in Luxemburg, doch mittlerweile wird mit
dem Hintergrund der Steuerhinterziehung vermehrt an den
Grenzübergängen nach Kontoauszügen, Wertpapierscheinen und großen
Barbeträgen gesucht.

2.2.4 Luxemburg für Saarländer

Bild 2.2.4.1

Wenn man einen Saarländer fragt, was ihm zu Luxemburg einfällt,
bekommt man meistens nur eine Antwort: „ei do gehe mia hin tanke".
Da zurzeit die Preise für Kraftstoffe rund 30 Cent billiger als in
Deutschland sind entstehen kilometerlange Staus an den Grenzen,
verursacht durch tankwütige Saarländer.
Aber nicht nur das Tanken, auch Zigaretten, Spirituosen und
Medikamente sind billiger und werden nur allzu gerne gekauft.
Mit der Fertigstellung der Autobahn A8 bis Schengen gegen Anfang 2004
wird der Grenzverkehr wohl noch angenehmer zu gestalten sein.
Betrachtet man die Orte Schengen und Remich, so fällt auf dass ei
Grossteil der Gebäude Tankstellen und Tabakgeschäfte sind.
Die Stadt Luxemburg kennen nur wenige Saarländer.

3. Situation vor Ort

3.1 LAN

Beim Amt für Veröffentlichungen der Europäischen Gemeinschaften
wurde innerhalb der einzelnen Gebäude ein Fast-Ethernet-Netzwerk von
Cisco aufgebaut
Die Verbindung zu den anderen sich in Luxemburg befindlichen
Gebäuden erfolgt mittels Glasfaser, die Zentrale befindet sich im Keller
des Amtes in der rue Mercier.
Genauere Angaben zu den Schutzsystemen (Firewalls etc) dürfen auch
Sicherheitsgründen nicht veröffentlicht werden.

3.2 PC-Ausstattung

Vom ersten Tag der Diplomarbeit an stand mir ein 1,7 GHz Fujitsu
Siemens Rechner zur Verfügung, in den später die verwendete
Videokarte eingebaut wurde. Betriebssystem wurde nach kurzen
Anfangsschwierigkeiten Windows 2000 (EDV-Abteilung hatte
anfänglich NT 4.0 empfohlen).
Nach 2 Wochen kam schließlich noch ein 2,66 GHz-Rechner hinzu, der
den ersten Streaming-Server verkörperte.
Kurz vor Ende der Zeit wurden dann die letztendlich benutzten Fujitsu-
Siemens PCs geliefert, ausgestattet mit einem 2,4 GHz Intel Xeon
Prozessor und 512 MB-RAM. Diese Rechner bewältigten auch das
Problem der hohen CPU-Belastung in der Kodiermaschine (bei dem
vorher benutzten 1,7 GHz-Rechner konstant 100 %, nun ca. 60 %).

3.3 Software

Es wurden zunächst mehrere Varianten von Streaming-Software getestet,
zunächst auf einem Debian-Linux System, das jedoch erhebliche
Probleme mit der grafischen Darstellung hatte da laut Auskunft von
Fujitsu-Siemens der on-board-Grafikchip in dem benutzten Rechner nicht
Linux-kompatibel zu sein schien.
Unter Windows wurde zwecks Funktionstest eine Probeversion von
Vision GS PE installiert und mit einer Videokamera getestet.
Da der Funktionstest erfolgreich verlief, Vision GS jedoch nur Live-
Bilder auf einen FTP-Server setzen kann wurde zunächst das System von
RealNetworks getestet, die Benutzung dieses Systems für das geplante
System kam jedoch aus Kostengründen nicht in Frage (s. 7.2.1).
Darwin und Quicktime wurden ebenfalls kurz unter Augenschein
genommen, da jedoch die Microsoft-Software gratis und zum Teil
vorinstalliert war entschied man sich für diese Variante.
Benutzte Software war der Windows Media Encoder 7 mit Windows
Encoding Utility 8, zusätzlich installiert werden musste der mit Windows
2000 kompatible Treiber für die (etwas ältere) Videokarte, dessen
Aufspüren einige Zeit in Anspruch nehmen sollte.
Auf dem Server befindet sich wie auf dem Encoder Windows 2000
Advanced Server mit Service Pack 4, benutzerdefiniert installiert, da
Windows Media Server und der Http-Server nicht standardmäßig
mitinstalliert werden.

3.4 Picturetel Videokonferenzsystem

Bild 3.4.1

Das Picturetel Videokonferenzsystem Venue ist eine Komplettlösung für die einfache Durchführung einer Videokonferenz.
Es besteht aus dem Rollwagen Cart 2000, einem handelsüblichen Fernsehgerät, dem Audiopaket Virtuoso, dem sprachoptimierten Bose Lautsprechersystem, der PowerCam 100, einem Pentium III mit spezieller Software und einem IP/VC Konverter von Cisco.
Die Audiokodierung erfolgt durch einen firmeneigenen Algorithmus.
Angeschlossen wird das System mit einem RJ45-Stecker direkt an ein Switch oder an einen Router, es wählt mit 1-6 ISDN-Kanälen, was bedeutet das auf jeden Fall Telefonkosten für die belegten ISDN-Kanäle entstehen.
Die Kamera kann mit der mitgelieferten Fernbedienung gesteuert werden, selbst die Kontrolle der Kamera auf der Gegenseite, also beim Konferenzpartner ist möglich.
Die Ton- und Bildqualität des Venue ist im Bezug zur Bandbreite sehr gut, selbst bei nur 2 ISDN-Kanälen wird noch ein brauchbares Videosignal empfangen.
Die Kosten steigen mit der Bandbreite, da der Datenaustausch über ISDN läuft.
Das Bild wurde von einem Scartadapter abgegriffen und per Chinchkabel an den Video-In Eingang der Videokarte gegeben.

Technische Daten:
Video: ITU-T H.320, Videokodierung H.261, Auflösung min. 176*144 , max 704*576.
Audio: Schmalband 16-64 kbit/s, Breitband 24-56 kbit/s , mit Vollduplex Echo Cancellation und automatischer Rauschunterdrückung
Leistungsaufnahme : ca. 300W.

4. Multicast – Was ist das ?

[4],[9],[10],[17],[18],[22],[24],[25]

Es gibt in der Welt der Multimediaübertragungen im Internet / Lan 3
Hauptgruppen:
>   Broadcast
>   Unicast   und
>   Multicast

Die Ausgangslage dieser Systeme sind Video- oder Audiodaten, die man
in einem Netzwerk übertragen möchte.
Je nach Bedarfsfall gilt es herauszufinden, welche Art die richtige ist.
Nachfolgendes Bild zeigt den Bandbreitenbedarf in Bezug auf die Anzahl
der Clients bei Multicast und Unicast :

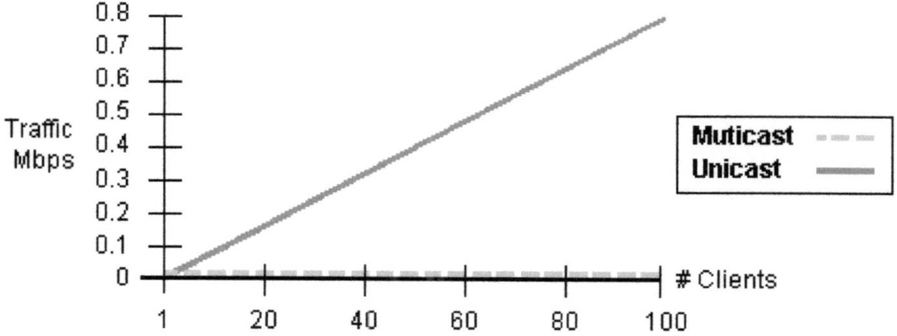

Bild 4.1

4.1 Zur Geschichte des Multicast

1992 wurde der Multicast-Backbone, kurz Mbone erschaffen. Erste
Übertragung war seinerzeit eine IETF-Konferenz (in Bild und Ton), die
auf Sun-Workstations mitverfolgt werden konnte.
Mbone stellt ein virtuelles Overlay-Netzwerk dar und erleichtert somit
das Erstellen neuer Verbindungen.
Das Mbone wurde erstellt, damit das Routen zwischen verschiedenen
LANs bei Zugriff auf ein und dieselbe Multicastadresse ohne Probleme
ablaufen kann.

4.2 Kurze Einführung in Multicast

Die erste Frage ist sicherlich „warum überhaupt Multicast?". Die Antwort
ist recht simpel. Es sollte immer dann benutzt werden wenn man gleiche
Daten an mehrere Empfänger schickt, Bandbreite sparen will, die Hosts
und Router nicht unnötig belasten möchte und wenn die
Empfängeradresse unbekannt ist.

Zunächst einmal ist eine Multicast-IP-Adresse keine gewöhnliche IP, sie
kann von 224.0.0.0 bis 239.255.255.255 reichen und muß im LAN
einmalig sein (siehe Anwendung in einem abgeschirmten LAN).
Diese Adresse bezeichnet keinen einzelnen Internetknoten sondern immer
eine Gruppe von Rechnern. Dabei schickt der Server (hier namens
„Octopus") einmal die Daten zu der Multicast-Adresse.

Die Besonderheit bei der Übertragung liegt darin, daß die Bandbreite sich
bei steigender Anzahl Clients nicht wesentlich erhöht, somit das
Netzwerk nur minimal belastet wird.

Zudem werden die Pakete nur an den Knoten im Netzwerk vervielfacht, an denen auch wirklich Clients hängen, somit wird unnötiger Verkehr verhindert.

Bsp: bei einer Übertragung von Deutschland nach Frankreich werden die Pakete nur einmal nach Frankreich geschickt und dort je nach Nachfrage weiterverteilt. Würde der Stream immer wieder von Deutschland aus verteilt werden müssen hätte dies wohl üble Folgen für die Datenleitungen nach Frankreich.

Die Übertragung eines Multicasts ist vergleichbar mit Kabelfernsehen, jeder der möchte und der an das entsprechende Netz angeschlossen ist kann zusehen/hören.

Das Empfangen von mehreren Multicasts gleichzeitig ist jederzeit möglich.

Die 3 Grundvoraussetzungen für das Empfangen eines Multicast-Streams sind:

1. Das Betriebssystem muß Multicast-fähig sein (Linux, MAC und Windows z.B.)
2. Die Multicast-Pakete müssen in das lokale, zurzeit benutzte Netz geroutet werden
3. Die Multicast-Adresse muß selbstverständlich bekannt sein

Heutzutage sind alle aktuellen Betriebssysteme Multicast-fähig (Unix nur bedingt), neue Router unterstützen das Format.

4.3 Zum Vergleich: Unicast

Beim Unicast werden die Daten an jeden Client verschickt, der sie möchte.

Bei wenigen „Zuhörern" stellt dies keine Probleme dar.

Überschreitet man jedoch eine gewisse Zahl (zu berechnen aus Datengrösse * Anzahl Clients < Netzwerkkapazität), so überlastet man das Netzwerk und den Server-Rechner (Serverengpass).

Für ein Unicast sind keine speziellen IP-Adressierungen notwendig.

<u>4.4 Technische Details zum Multicast</u>

Multicast basiert auf UDP und den damit verbundenen Vor- und
Nachteilen:
UDP ist schneller
UDP ist nicht so sicher, es wird nicht überprüft, ob die versandten Pakete
auch wirklich angekommen sind und es gibt keine Sequenznummer zur
Überprüfung der Reihenfolge der Daten.
UDP ist nicht so robust und nur für kurze Übertragungswege geeignet.
Andere Nachteile des Multicasts :
 Sporadische Paketverluste (Tendenz fallend da Weiterentwicklung
 sehr schnell)
 Vereinzeltes Auftreten von doppelten Datenpaketen, bei Videos
 kaum wahrnehmbar.

Zur Layer3-Adressierung:
 Multicast-Adressen sind D-Class-Adressen,
 somit sind die ersten drei Bits = 1.
 Sie können dynamisch oder fest zugeteilt
 werden, wobei dynamisch heißt, daß die
 entsprechenden Hosts einer Gruppe
 dynamisch beitreten können. Diese hierbei
 verwendeten Adressen werden solange
 benutzt wie die Hosts die Anwendung
 benutzen.
 Es gibt auch feste Adressen (von IANA
 reserviert):

224.0.0.1	alle Hosts eines Subnets
224.0.0.2	alle Router eines Subnets
224.0.0.4	DVMRP Router
224.0.0.5	alle OSPF Router
224.0.0.6	OSPF DR Router
224.0.0.9	RIP-2 Router
224.0.0.10	EIGRP Router
224.0.0.13	PIM Router
224.0.0.15	CBT Router
224.0.1.39	Cisco RP Announce
224.0.1.40	Cisco RP Discovery

Tabelle 4.1.1

Alle Adressen von 224.0.0.0 bis 224.255.255.255 sind für
Netzwerkhauptfunktionen wie z.B. Routingprotokolle reserviert, ein
Router sendet keine IP-Multicast-Datagramme.
Alle Adressen von 239.0.0.0 bis 239.255.255.255 sind für das sogenannte
„scoping" (scope = Bereich, sinngemäß: Eingrenzung) reserviert, man
kann sie in privaten Domains benutzen.

Zur Layer 2 – Adressierung:

Zum Layer3 IP-Multicast-Bereich gehört
nun auch die dazugehörige Layer2-
Adresse, die eine eindeutige NIC-
Zuteilung vornimmt.
Betrachtet man die MAC-Adressen , so
stellt man fest daß es hier reservierte
Adressen für Multicast gibt:
01:00:5e:00:00:00 bis 01:00:5e:7f:ff:ff
dabei gilt es zu beachten, daß das achte
Bit (I/G-Bit) des ersten Byte immer auf 1
gesetzt ist, das 25. immer auf 0.
Da diese Strukturen fest sind ergibt sich
ein Problem: nur die letzten 23 Bit der IP
können den letzten 23 Bit einer MAC-
Adresse zugeordnet werden, es bleiben 5
Bit der IP übrig, die nicht 1:1 zugeordnet
werden können.
Daher mappt man die letzten 23 Bit der IP
mit den ersten 25 der MAC-Adresse und
erhält somit eine vollständige Multicast-
MAC-Adresse.
Bsp:

Dezimal			235	147	18	23
Hex			EB	93	12	17
Binär			111101011	10010011	00010010	00010111
Multicast Base MAC	01	00	5E	00	00	00
	00000001	00000000	01011110	00000000	00000000	00000000
Multicast Mac-Adresse	**00000001**	**00000000**	**01011110**	**00010011**	**00010010**	**00010111**
	01	**00**	**5E**	**13**	**12**	**17**

Tabelle 4.1.2

Folgerichtig haben die IPs 225.19.18.23 und 235.147.18.23 dieselbe MAC-Adresse, nämlich 01:00:5E:13:12:17. Zu einem Konflikt kommt es jedoch nur, wenn beide auch dieselbe Class-D-Adresse und denselben UDP-Port benutzen. Will jedoch ein Host eine dieser Gruppen „hören" empfängt er beide. Diese Kollision wird bewußt in Kauf genommen, da sie eher unwahrscheinlich ist.

Nutzen 2 Streams gleichzeitig dieselbe IP tritt SDR in Kraft und löst das Problem.

Da SDR jedoch veraltet ist wird heutzutage MASC (Multicast Address Set-Claim) benutzt. MASC wurde von der IETF entwickelt und verwaltet den Multicast-IP-Raum in hierarchischer Manier. Das heißt daß ein Datenstrom für die Dauer seiner Übertragung eine IP „mietet". Jedoch treten häufiger Probleme mit der Vergabe auf, was im Falle dieser Diplomarbeit nicht von Bedeutung ist, da die Daten das Intranet nicht verlassen. Somit wird auch nicht weiter auf dieses Problem eingegangen.

5. Verwendete Protokolle

[1], [2],[14],[19],[21],[22],[23],[25].

5.1 Multicast-Protokolle

Multicast-Routing-Protokolle
- DVMRPv3 (Internet-draft) (v1 wurde nie benutzt, alte Version ist v2)
- MOSPF (RFC 1584) „Proposed Standard"
- PIM-DM (Internet-draft)
- CBT (Internet-draft)
- PIM-SM (RFC 2362) „Proposed Standard"

Kurze Erläuterungen zu den Protokollen:
DVMRP = Distance Vector Multicast Routing Protocol, arbeitet empfängerbasiert mit dem Distance Vector Algorithmus und ist mit dem Router Information Protocol (RIP) verwandt. Sucht den kürzesten Weg zur Datenquelle und bestimmt den vorangegangenen Übermittlungsabschnitt zurück zur Quelle.
Verwendet IGMP zum Austausch der Routing-Datagramme mit den benachbarten Routern.
MOSPF = Multicast Open Shortest Path First, hierarchische strukturiert, arbeitet mit dem Link-state-Algorithmus und kann Subnetze in Gruppen zusammenfassen. Diese Protokoll optimiert das Routing hinsichtlich der Übertragungskosten, hat eine dynamische Lastverteilung, einen geringen Overhead und kann die Dienstleistungsmerkmale (TOS) im Routing berücksichtigen. Die Router bauen sich mit Hilfe dieses Protokolls eine Multicast-Topologie des Netzes auf.
PIM-DM: Protocol Independent Multicast Dense Mode, arbeitet unabhängig vom Routing-Protokoll, stellt zusätzliche Informationen für den Multicast-Betrieb zur Verfügung. Geläufigste Arten des PIM sind DS (Dense Mode) und SM (Sparse Mode).
PIM-SM: Pim im Sparse-Mode, orientiert sich an CBT, verwendet für jede Gruppe einen einzelnen Datenverteilungsbaum, dessen Wurzel der Core-Router darstellt.
CBT: Core Based Tree, erstellt einen bidirektionalen Multicast-Baum, der auf sogenannten Rendezvous-Punkten basiert. Es handelt sich um ein Spanning-Tree-Verfahren. Version 1 und 2 liegen vor, 3 ist noch in der Entwicklung.

Die Modi:

Dense Mode: setzt voraus, daß genügend Bandbreite vorhanden ist und „flutet" den Multicast-Tree immer wieder

Sparse Mode: ein Client meldet sich mittels IGMP bei einer Gruppe an, der Router setzt sich selbst in den Multicast-Tree, verläßt der Client die Gruppe, so verläßt auch der Router wieder den Tree.

5.1.1 IGMP (Internet Group Management Protocol)

Datenrahmen:

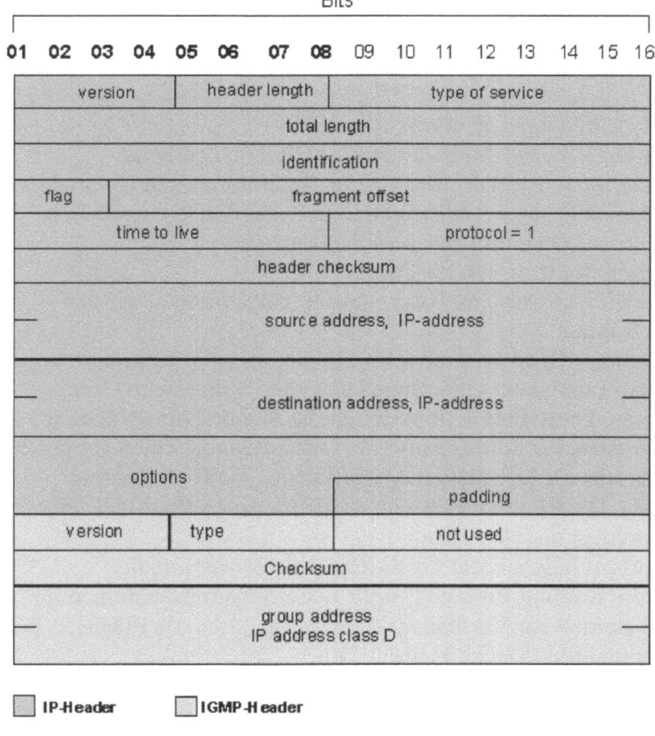

Bild 5.1

Das IGMP-Protokoll befindet sich im OSI-Referenzmodell auf der
Vermittlungsschicht und unterstützt die Gruppenkommunikation, genauer
gesagt die Kommunikation zwischen Router und Host.
Beim Betrieb eines Multicast gibt es 2 verschiedene Arten:
Level 1 unterstützt das Senden von Datagrammen,
Level 2 das Senden und Empfangen.
Vom IP-Protokoll wird IGMP behandelt als sei es ein Protokoll höherer
Schichten und wird immer in einem vollständigen IP-Header verschickt,
die Meldungen befinden sich im IP-Datenteil.
Um einem Überfluten des Netzwerkes vorzubeugen wird der TTL-
Parameter bei IGMP auf 1 gesetzt (bei 0 würden die Daten gelöscht
werden).
Beispiele für Protokolle, die IGMP benutzen: OSPF, VMTP (Versatile
Message Transaction Protocol), NTP (Network Time Protocol) und das
RWHO (Remote Who).
Seit der Version 2 des Protokolls wird der IGMP-Header immer mit dem
vollständigen IP-Header übertragen.

5.1.2 CGMP

Cisco Group Management Protocol, ein Cisco-proprietäres Router-
Switch-Protokoll. Es hat nur geringe Auswirkungen auf die Performance
eines Switches und es ist eine Switchkaskadierung möglich.
Ein ankommender Multicast-Traffic wird vom Router weitergeführt zu
einem Switch, das ein CGMP-Join vom Router erhält, es sendet einen
IGMP-Join und leitet nur an interessierte Clients weiter. Somit verhindert
man eine Flutung des Netzes.
Es gibt 2 Typen von CGMP-Paketen:
- Join-Pakete: der Router sendet und informiert hiermit den
  Switch, dass die Multicast-Gruppe ein neues Mitglied hat.
- Leave-Pakete: der Router sendet und informiert hiermit den
  Switch, dass ein Mitglied bzw. eine ganze Gruppe ausgetreten
  ist und somit zu löschen sei.

6. Codecs
[4],[12],[15],[16],[24]

Im Zeitalter der Breitbandverbindungen werden Multimedia-
Übertragungen im Internet immer wichtiger. Würde man beispielsweise
ein Video jedoch unkomprimiert verschicken bzw. runterladen, so würde
dies selbst bei einem DSL-Anschluss inakzeptabel lange dauern.
Daher werden sowohl Audio- als auch Bild/Videodaten komprimiert.
Im Folgenden wird auf die verschiedenen Varianten eingegangen.

6.1 Audiocodecs

Zunächst einmal ist die Einteilung in Sprach- und Musikcodecs sinnvoll.
Musik benötigt erheblich mehr Bandbreite in Vergleich zu Sprache, da
bei Sprache wesentlich mehr Frequenzen ohne störenden Qualitätsverlust
weggelassen werden können.
So kann man prinzipiell auftretende Frequenzen unter 16 Hz und über 20
kHz herausschneiden, da ein Mensch diese nicht wahrnimmt.
Man kann also die Größe der zu übertragenden Audiodaten einschränken,
indem man Frequenzen herausschneidet, die Dynamik bearbeitet (z.B.
Lautstärke begrenzen) und von Stereo nach Mono wechselt.
Bei Sprache ist es selten sinnvoll in Stereo zu kodieren, bei Musik muß je
nach Verwendung abgewägt werden.
In der vorliegenden Diplomarbeit wird der „Windows Media Audio 9
Voice" Codec benutzt. Dieser ist ein spezieller Sprachcodec für
Übertragungen bis 20 kps, der sich bedingt auch für Musik eignet. Bei der
zu übertragenden Konferenz wurde er auf 16kps, 16 kHz, Mono gestellt,
was bei diesem durchaus effektiven Codec sehr zufriedenstellende
Ergebnisse liefert. Der Codec wird von den gängigen Windows Media
Player Versionen ab Version 7 unterstützt.

6.1.1 Das WMA-Format

Windows Media Audio, abgekürzt WMA, wurde von Microsoft entwickelt und gehört zur „Windows Media Technology". Beim Streaming werden WMA und WMV (Windows Media Video) in asf-Dateien integriert und können mit dem Standard Windows Media Player abgespielt werden.

Microsoft hat diesen Codec zudem mit einem optionalen Kopierschutz ausgerüstet, da er unter anderem für die Kodierung kostenpflichtiger Musikstücke im Internet benutzt werden soll. Der Kopierschutz ist jedoch sehr unsicher und es stellt für einen einigermaßen gewandten Internetnutzer kein Problem dar ihn zu entfernen.

Bei WMA handelt es sich (wie bei MP3) um einen Subband-Coder. Ein Subband-Coder zerlegt ein breitbandiges Eingangssignal mittels Filter in mehrere schmalbandige Signale. Dabei gibt es ein Hauptband, das das wichtigste Signal, das Hauptsignal enthält und mehrere Nebenbänder. Das Hauptsignal erhält dabei den größten Anteil an Bitrate. Wie die Bits letztendlich verteilt werden entscheidet ein Algorithmus, der mit einem so genannten „Psychoakustischen Modell" arbeitet. Dieses unterscheidet zwischen wichtigen und unwichtigen Teilen und selektiert. Letztendlich werden noch Informationen über die Bitverteilung mitübertragen, damit der Decoder das Ausgangssignal zurücksynthetisieren kann.

Die Dynamik wird wie folgt behandelt:

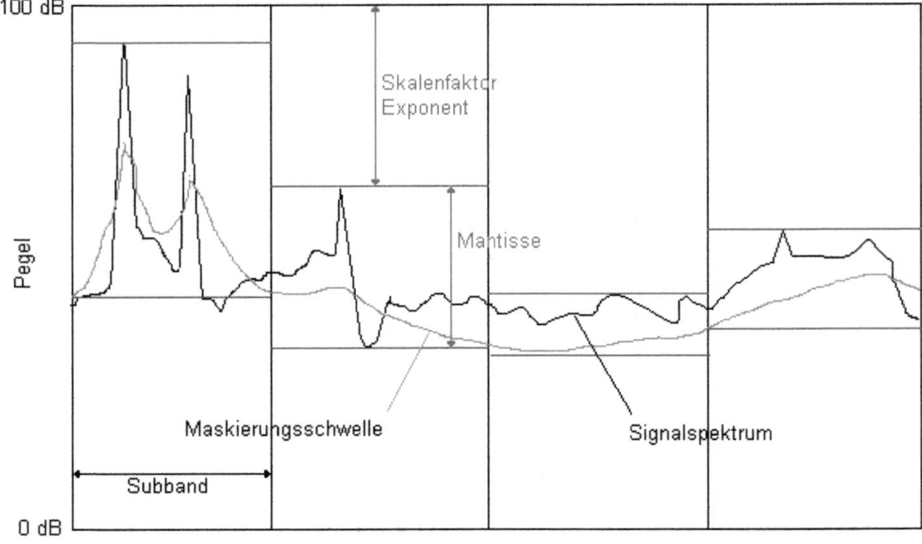

Bild 6.1.2

In dem Subband wird das Minimum der Maskierungsschwelle als
Maximum der erlaubten Verzerrung interpretiert.
Dadurch limitiert man den Pegel auf die im Bild rechteckförmigen
Bereiche und spart wiederum erheblich an Bitrate, was sich durch
den Vergleich der Fläche der Rechtecke um das Singnalspektrum
mit der Gesamtfläche verdeutlichen läßt.

<u>6.1.2 Das MP3-Format</u>

Das wohl bekannteste und meistverbreitetste Audioformat ist
sicherlich MP3.
Der Name Mp3 kommt von MPEG Layer3, das Verfahren wurde
vom Fraunhofer Institut und von Thomson Multimedia entwickelt.
Zunächst einmal die Digitalisierung als Beispiel anhand einer
Sinuskurve:

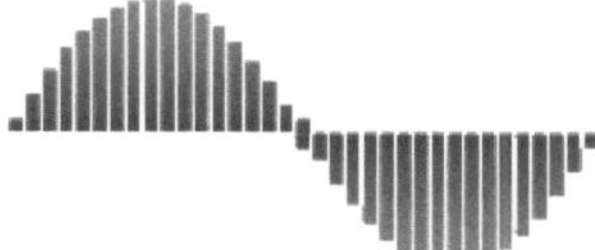

Bild 6.1.2.1, 44100 Samples/s , 16 Bit

Bild 6.1.2.2, 22000 Samples/s , 16 Bit

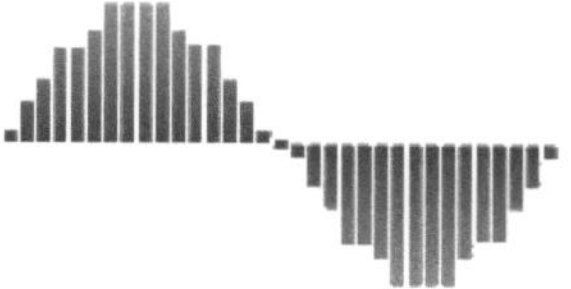

Bild 6.1.2.3, 22000 Samples/s , 8 Bit

Wie man hier erkennen kann wird die sogenannte „Treppchenbildung" bei abnehmender Bitrate immer auffälliger. Bei 16 Bit hat man logischerweise 65536 Abstufungen, bei 8 Bit nur 256.

Die Samples sind Abstufungen eines Tons pro Sekunde. CD-Qualität wird mit 44100 Samples, entsprechend 44.1kHz angegeben.

Laut Nyquist muß die Sample-Frequenz 2mal so groß wie die höchste zu kodierende Frequenz sein, da ein Mensch bis ca. 20 kHz hört ergibt sich wie oben erwähnt für Audio-CDs 44.1 kHz. Beim Digitalisieren entsteht ein Quantisierungsrauschen, daß mit jedem weiteren Bit um 6 dB abnimmt, was zur Folge hat daß pro hinzukommendem Bit das Signal doppelt so laut ist wie das Quantisierungsrauschen. Daher ist ein 16 Bit-Sample mit einem Rauschabstand von 90 dB nahezu rauschfrei.

Ein weiters Verfahren zum Einsparen von Datenmenge beruht auf der Tatsache, daß laute Signale leisere übertönen. Da diese leisen Töne nicht wahrgenommen werden kann man sie herausfiltern. Der Stereomodus ist auch sehr aufwendig. Bei MP3 wird deshalb das „Joint-Stero"-Verfahren benutzt. Dieses speichert den rechten und den linke Kanal auf einem einzigen und die Daten des linken abzüglich der Daten des rechten auf dem anderen.

Außerdem wird wie bei WMA das Sub-Band Coding benutzt. Zu guter letzt werden die Daten noch mit dem Huffmann-Code gepackt,
der wie folgt funktioniert:
Der Huffmann-Code ist ein häufigkeitsabhängiger Code (wie z.B. das Morsealphabet), d.h. je nach Häufigkeit eines Zeichens wird der entsprechende Code länger oder kürzer (je häufiger desto kürzer).
Ist die Häufigkeitsverteilung bekannt, wird eine statische Kompression vorgenommen, ist sie nicht bekannt, eine dynamische.

6.2 Videocodecs

Der Windows Media Encoder von Microsoft benutzt beim komprimierten
Encodieren generell den MPG4-Standard, da dieser die beste
Komprimierung im Verhältnbis zur Qualität des Ausgangsmaterials
bietet.
Eine bekannte Abwandlung des Codecs ist DIVX (avi), hier verwendet
wird jedoch der sogenannte Microsoft Video V7.

Zunächst einmal die normale Vorgehensweise bei der Kodierung
bewegter Bilder egal welchen Formats :

Da in einem Film aufeinanderfolgende Einzelbilder oftmals in den
meisten Bereichen identisch sind kann, ähnlich wie bei dem Verfahren
« joint-stereo », nur die sich verändernde Komponente, also quasi die
Unterschiede zwischen zwei aufeinanderfolgenden Frames gespeichert
werden.
Ensteht jedoch bei der Komprimierung ein Fehler, so setzt sich dieser so
lange fort bis ein Frame auftaucht, der sich erheblich verändert und somit
eine Neukodierung einsetzt.
Da dies manchmal zu lange dauernd könnte werden bestimmt
Frametypen eingeführt die einen Neustart des Prozeßes erzwingen.

Bei sich bewegenden Elementen wird MC (motion compensation)
verwendet, hierbei werden die Bewegungsvektoren abgespeichert, bewegt
sich ein Objekt nicht, ist der Betrag des Vektors gleich Null, bewegt es
sich, so wird ein Refernzvektor im Bild festgelegt und die
Bewegungsvektoren in Bezug zu diesem gespeichert.

Würde man ein Video unkomprimiert speichern (was durchaus möglich
ist) so erhöht sich der Speicherplatzbedarf enorm, was folgende
Rechnung verdeutlichen soll :

720 Bildpunkte * 576 sichtbare Bildzeilen * 25 Bilder/s * 24 Bit/Pixel =
29,6 Mbyte/s = 250 Mbit/s

Somit würde eine 100 Mbit – Fast Ethernet-Verbindung zur Übertragung
nicht ausreichen.

6.2.1 H.263

H.263 ist der nachfolger von H.261 (siehe Picturetel), also basierend auf MPG1 und vor allem optimiert auf Datenraten unterhalb 64 kps.
Es wird kein MC benutzt, sondern eine blockdiskrete n-Kosinus-Transformation, was die Bildqualität und die Störanfälligkeit verbessert, den Rechenaufwand jedoch stark vergrößert.
Heutzutage liegt das Haupteinsatzgebiet des H.263 bei dem Microsoft-Programm Netmeeting, das Videokonferenzen selbst bei Modemanbindung mit passabler Qualität ermöglicht.

6.2.2 MPG4

Da bei den zu übertragenden Videokonferenzen nur WMV7, also eine Abwandlung von MPG4 gebraucht wurde wird auf MPG1+2 nicht weiter eingegangen.

MPG4 benutzt als interne Sprache ein Java-Script, er wurde von Microsoft lizensiert, es existieren mittlerweile jedoch sehr viele fortschrittliche Weiterentwicklungen (Bsp DIVX, von Microsoft als illegal bezeichnet) dieses Standards, die von vielen als die ideale Videokompression betrachtet werden.
So kann man z.B. einen Film in DVD-Qualität mit 90 min Länge ohne Weiteres auf einen 700 MB-Rohling brennen, zu beachten ist nur daß mit steigender Komprimierung die Rechenleistung des PCs, der dekodieren muß erheblich ansteigt.

Der MPG4 Standard ist mittlerweile so verbreitet, daß Standalone-DVD-Player der neuen Generation Cds mit Filmen im DIVX-Format (bis Version 4, aktuell Version 5.5) abspielen können und ein Großteil der in Tauschbörsen angebotenen Raubkopien neuester Filme im DIVX-Format angeboten werden.
Einzige Konkurrenz zurzeit : die MVCD, eine Abwandlung der VCD, mit höherer Kompression, wahlweise höherer Auflösung (bis zu DVD möglich) und einem minimalen Platzbedarf. So paßt ein Film in VHS-Qualität mit 3 Stunden Länge auf eine normale Cd, und das mit dem verkannten MPG1-Format.

7. Verschiedene Möglichkeiten

7.1 Linux

Bild 7.1.1-7.1.5

Unter Linux gibt es mehrere Möglichkeiten, jedoch erwiesen sich die
verwendeten Pcs als nicht gerade kompatibel zu sämtlichen Linux-
Distributionen.

So gab es Probleme mit Debian, SuSe, Redhat und Trustix, bei allen immer wieder mit der Grafikkarte, der Window-Manager konnte nicht gestartet werden obwohl die Einstellungen für Karte und Bildschirm korrekt waren. Da eine Behebung des Problems einen zu großen zeitlichen Rahmen in Anspruch genommen hätte wurde beschlossen das System unter Windows 2000 zu realisieren.

7.2 Windows

7.2.1 Real Networks

Real Networks ist führend in dem Bereich Streaming, der RealPlayer ist
in den USA auf 90 % aller PCs installiert.
Zudem benutzen 85 % aller Webseiten mit Streaming-Inhalten Real-
Software.
Die Vorteile von Real-Produkten sind starke Kompression bei relativ
geringem Qualitätsverlust, stabile Serversoftware und der RealPlayer, der
wie bereits erwähnt auf einem Großteil aller Rechner installiert ist.
Die Produkte im Einzelnen:

RealPlayer

Bild 7.2.1.1

Mittlerweile gibt es für den RealPlayer (neue Version: RealPlayer One) über 1 Million registrierte Benutzer.
Relativ einfach zu handhaben, verursacht aber bei falschen Einstellungen unnötigen Datenverkehr (sogenanntes „Nach-Hause-Telefonieren").
Spielt alle gängigen Video- und Audioformate ab.

(Real) Helix Universal Server

Bild 7.2.1.2

Die Software die das Streaming ermöglicht.
In der Basisversion für den privaten Gebrauch kostenlos, Installation umständlich, Konfiguration ebenfalls.

Vorteile:
- sehr gute Kompression
- sehr gute Bildqualität
- oft verwendet, dementsprechend stabil
- auf 11 Betriebssystemen lauffähig
- extrem leistungsstark

Nachteile:
- sehr teuer (Pro-Version für genügend Clients kostet 5879 $)
- relativ schwierige Handhabung

Helix Producer Plus

Bild 7.2.1.3
Der Helix Producer Plus entspricht von der Funktion her dem Windows Media Encoder, er codiert das Video- oder Audiomaterial in das RealMedia-Format.
Die Bedienung entspricht in etwa auch dem Microsoft-Pendant, nur wird weniger Rechenleistung abverlangt.
Kostenlos ist auch der Producer nicht, RealNetworks möchte 199$ dafür.

7.2.2 Quicktime (Apple)

[6],[7],[8]

Bild 7.2.2.1

Apple hat natürlich auch ein eigenes Streaming-System entwickelt, es lief
lange Zeit unter dem Namen Quicktime, mittlerweile heißt die Software
Darwin.
Die Software ist relativ leicht zu handhaben, liefert gute Ergebnisse und
ist nicht allzu teuer.
Leider gibt es jedoch für Multicast-Zwecke nur eine Version für den
privaten, also nicht gewerblichen Gebrauch.

Bild 7.2.2.2

QuickTime Broadcaster

Broadcasting the digital media standard.

Bild 7.2.2.3

7.2.3 Microsoft Windows Media

[4],[10],[13],[18].

Bild 7.2.3.1

Aus Kostengründen wurde die Microsoft-Lösung benutzt, da die Rechner
unter Windows 2000 liefen konnte jedoch nicht die Version 9 des Media
Encoders benutzt werden (führte zu Systemausfällen).
Windows Media ist kompatibel zu fast allen Formaten, zeigte eine gute
Performance und hohe Stabilität selbst bei einem 9 Stunden dauernden
Test bei höchster Videoauflösung (2 Mps). Im Folgenden wird genauer
auf das System eingegangen.

8. Durchführung

[4],[10],[11],[13],[17],[18],[20],[21],[22],[23],[25].

8.1 Konfigurieren des Encoder-Pcs

Der bei dem Projekt als Encoder verwendete PC :

Bild 8.1.1

Fujitsu Siemens Celsius, Intel Xeon 2,4 Ghz, 512 MB DDR-RAM,
Nvidia Quadro4 550 XGL Grafikkarte und Pinnacle DC10plus Video-
Capture-Karte.
Installierte (relevante) Software: Windows 2000 Advanced Server,
Windows Media Encoder 7 + Windows Media Encoder 8 Utility.
Auf die Installation von Windows 2000 Server wird nicht eingegangen,
sie erfolgte per Netzwerkinstallationsdiskette da eine für das Amt
angepasste und geprüfte Version benötigt wurde.

Die Installation des Media Encoders 7

Grundsätzliches: der Media Encoder ist frei erhältich, kostet nichts und
kann direkt bei Microsoft unter
http://www.microsoft.com/windows/windowsmedia/download/default.as
p
In mehreren Versionen und Sprachen runtergeladen werden (Version 7 ca
4,71 MB, Version 9 ca 9,5 MB).
Version 9 wurde nicht benutzt, da diese mit der verwendeten Videokarte
nicht kompatibel zu sein schien und wiederholt zu einem Absturz führte.
Daher gründet die Benutzung der Media Encoding Utility 8, die neuere
Codecs zur bessern Komprimierung enthält als Version 7 standardmässig.

Beispiel der Installation (Media Encoder 9):
Nach dem Öffnen der Installationsdatei bietet sich folgender Anblick:
Dann muß die Lizenzvereinbarung angenommen werden:

Diplomarbeit von Marco Scherzinger

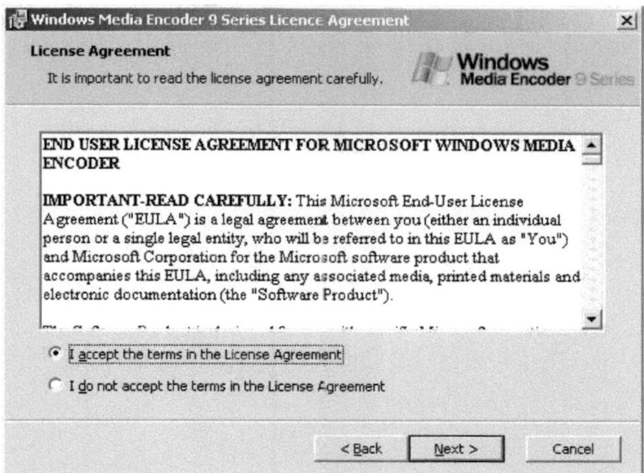

Bild 8.1.2

Nach dem Klicken auf Next muß der Installationsordner angegeben werden:

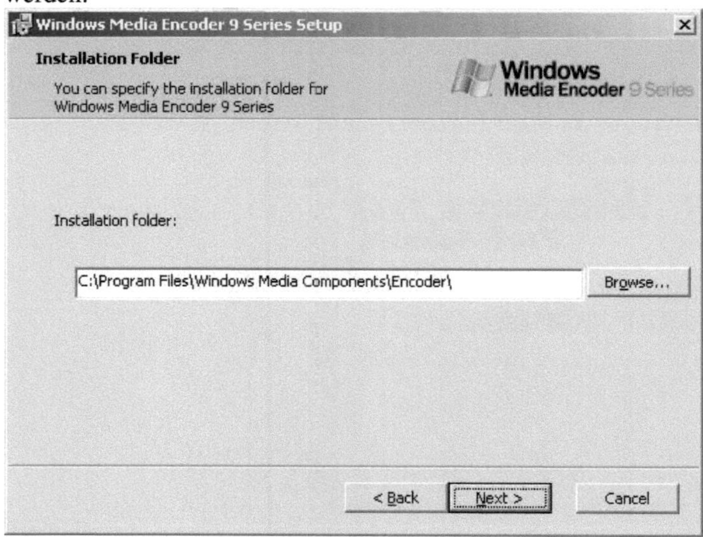

Bild 8.1.3

Dann wird installiert.

Schließlich die Installation beendet:

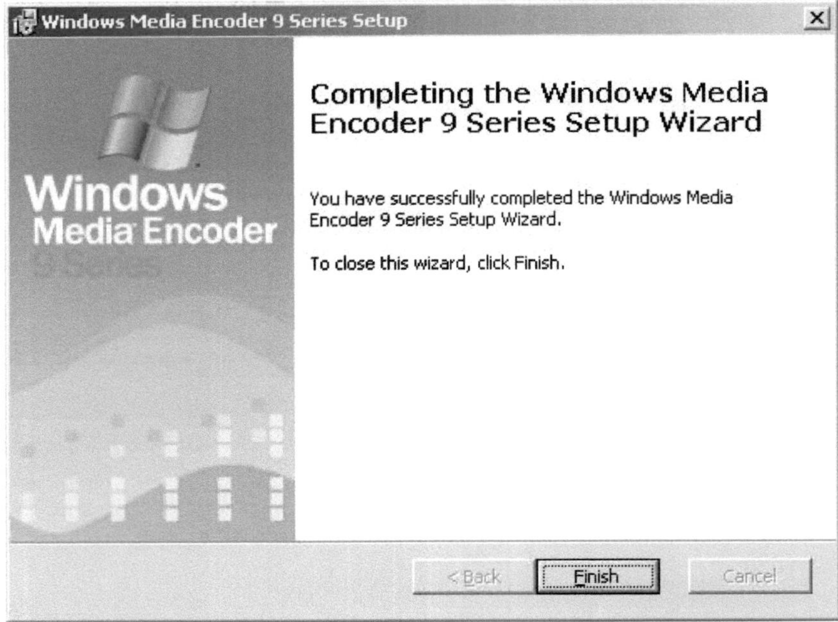

Bild 8.1.4

Nach einem Neustart kann der Encoder benutzt werden.

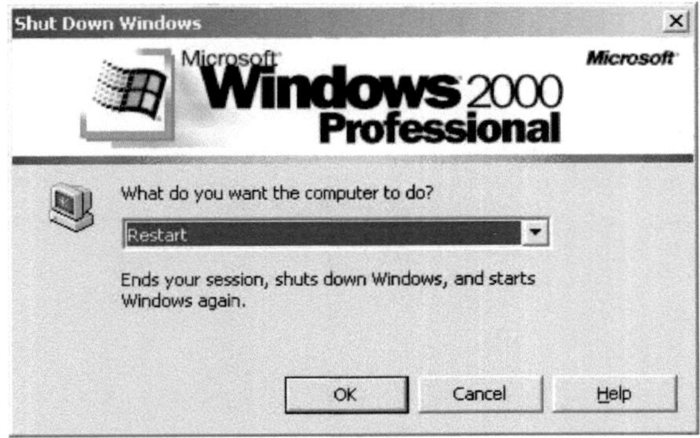

Bild 8.1.5

Der Media Encoder beginnt mit einem Wizard:

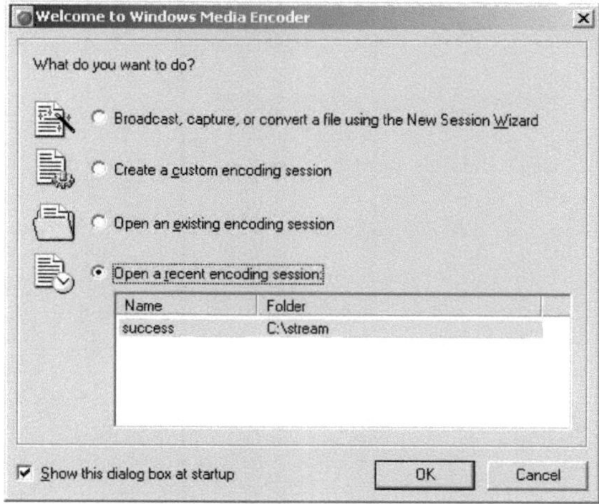

Bild 8.1.6

Dort wählt man beim ersten Benutzen den ersten Eintrag (später „Open a recent encoding session").

Dort wieder den ersten Eintrag, denn man möchte ja ein Live-Event übertragen.

New Session Wizard
Session Selection
Select one of the options on this page to set up an encoding session.
What would you like to do?
Broadcast a live event from attached devices or computer screen
Capture audio or video from attached devices or computer screen
Convert an audio or video file into a Windows Media file
Begin broadcasting when this wizard finishes
< Back
Next >
Finish
Cancel

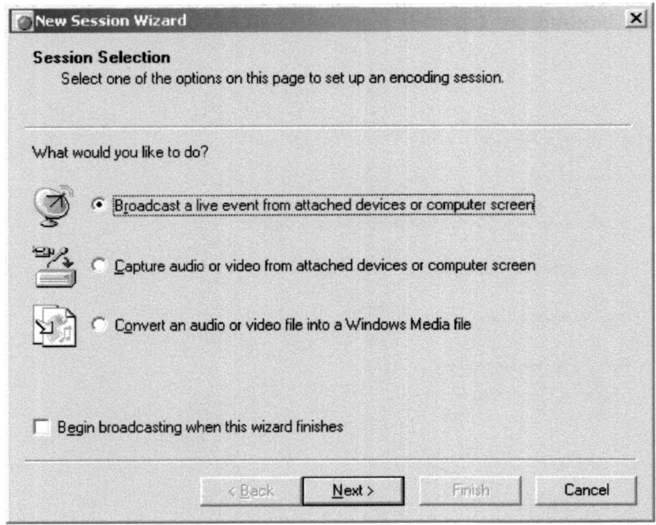

Bild 8.1.7

Hier werden Video- und Audioquelle angegeben, es empfiehlt sich diese
zu konfigurieren, da sonst bei falschen Einstellungen schlechte
Ergebnisse oder falsche Farben (NTSC statt PAL) erzielt werden.

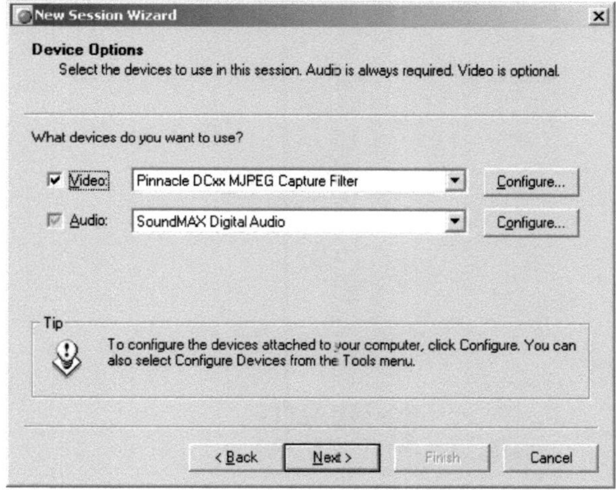

Bild 8.1.8

Folgendes Bild öffnet sich bei einem Klick auf „Configure".
Bei der Qualität der Kompression sollte man 100% wählen, alle anderen
Einstellungen erklären sich von selbst.

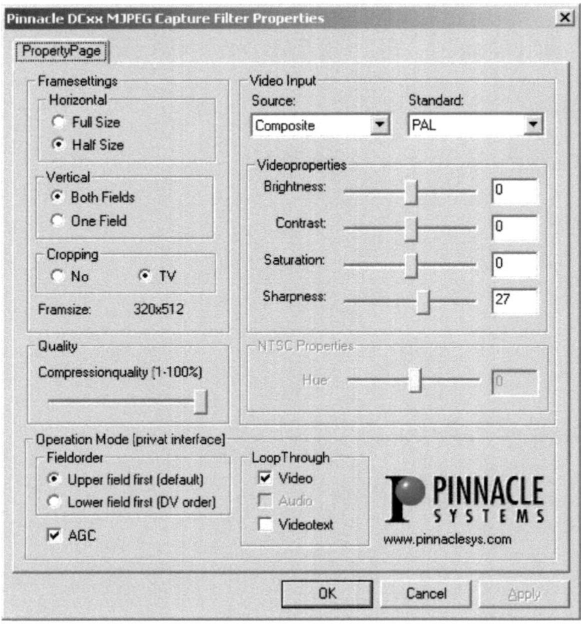

Bild 8.1.9

Nun gilt es den Port für die Übertragung zum Server festzulegen. Ist man sich nicht sicher, kann man hier auf „find free port" klicken, vorher sollte man den Netzwerkadministrator jedoch fragen ob der gewählte Port wirklich frei ist. Da die Zahl leicht zu merken ist wurde hier 1111 genommen:

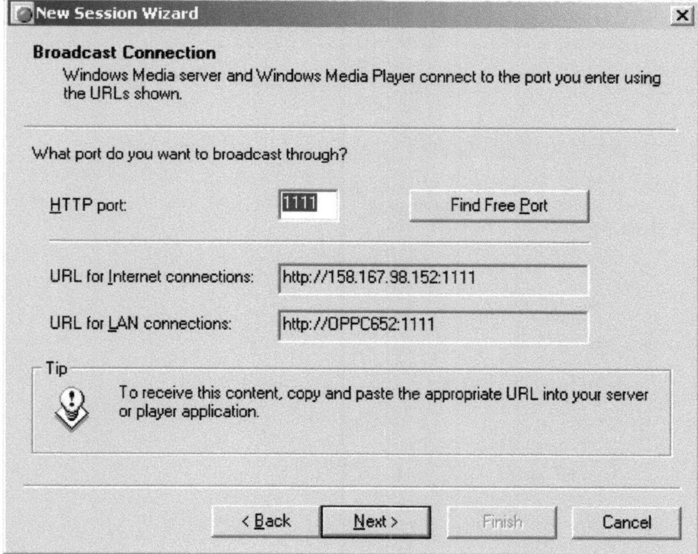

Bild 8.1.10

Jetzt muß ein Profil für das Video gewählt werden. Bei Übertragungen in einem LAN reicht die Qualität des Videos für Breitband-Pal vollkommen aus.

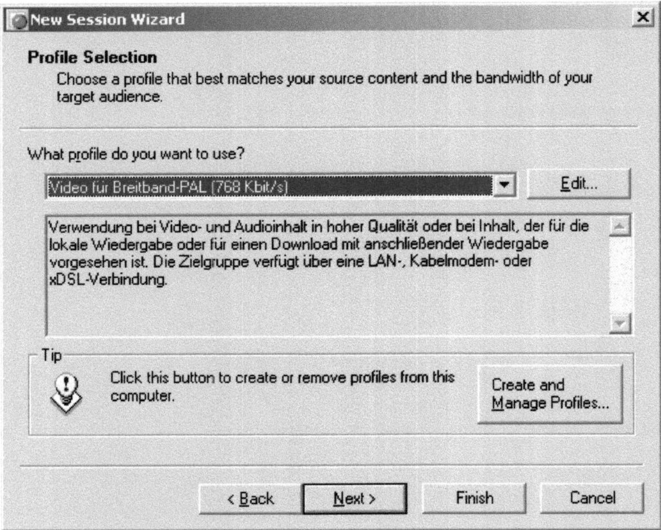

Bild 8.1.11

Es empfiehlt sich sehr, die Option Edit neben der Auswahl zu benutzen
um Feineinstellungen zu machen
„Compressed" sollte gewählt werden.

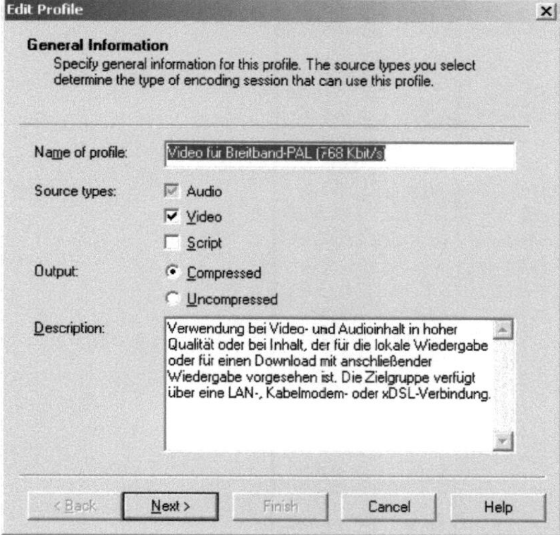

Bild 8.1.12

Hier wiederum den passenden Eintrag wählen (soll zum Profil Breitband passen, daher ca. 700 kps)

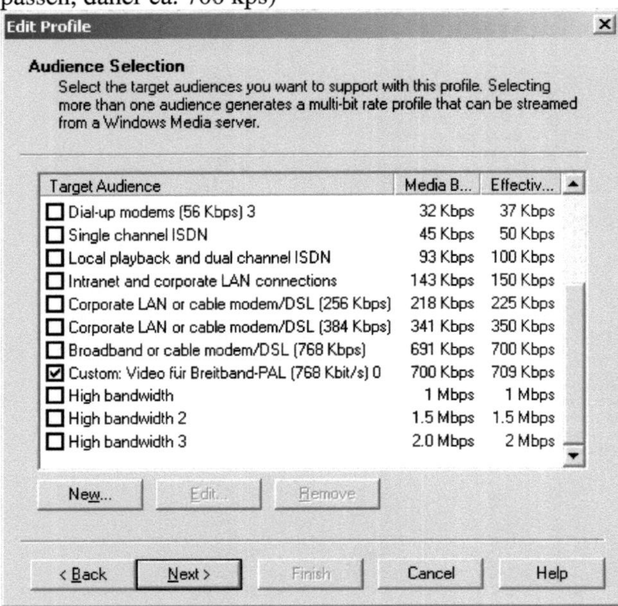

Bild 8.1.13

Wie gewohnt weiter mit Next, dann werden der Video- und Audiocodec
und die Auflösung gewählt (Begründung der Wahl an anderer Stelle):

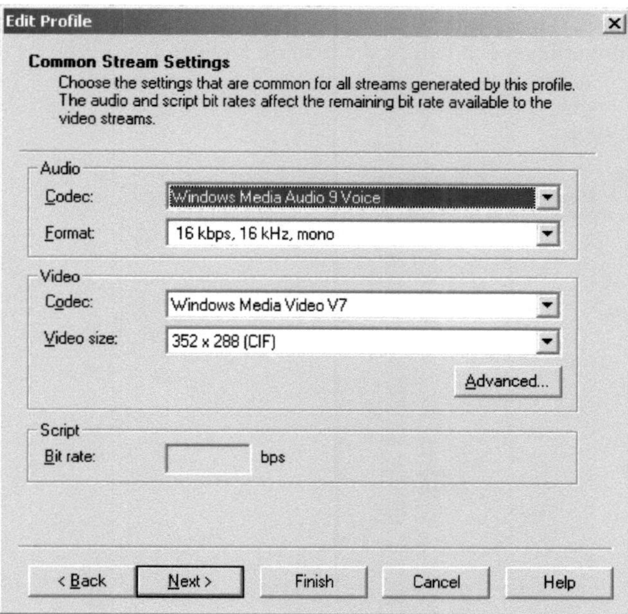

Bild 8.1.14

Die Framerate (Standard ist 25) und die Abwägung, ob Bewegungen oder Schärfe wichtiger sind (im vorliegenden Fall ist die Schärfe und der Ton wichtig):

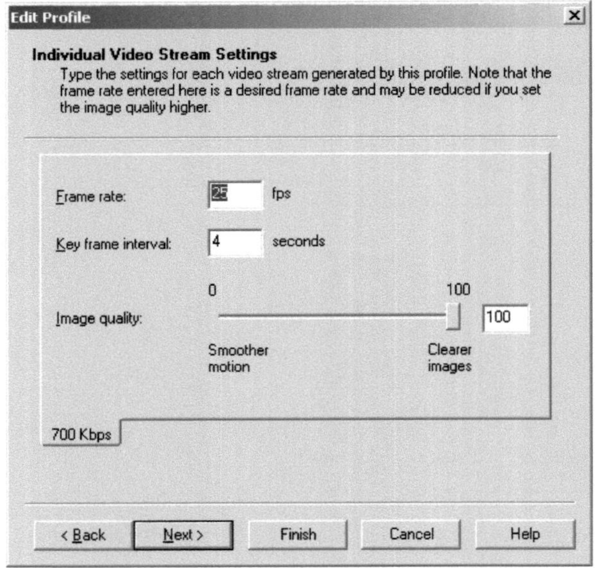

Bild 8.1.15

Zum Abschluß der Einstellungen eine Übersicht:

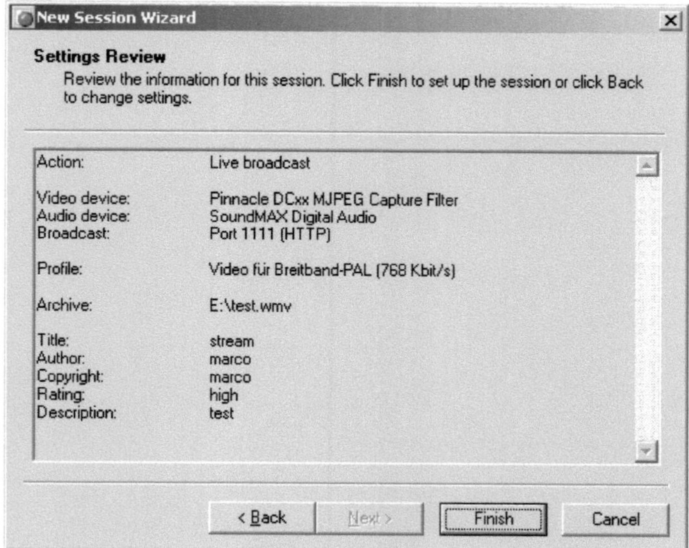

Bild 8.1.16

Nach dem Klick auf Next dann die Möglichkeit zum lokalen Speichern des aufgezeichneten Videos:

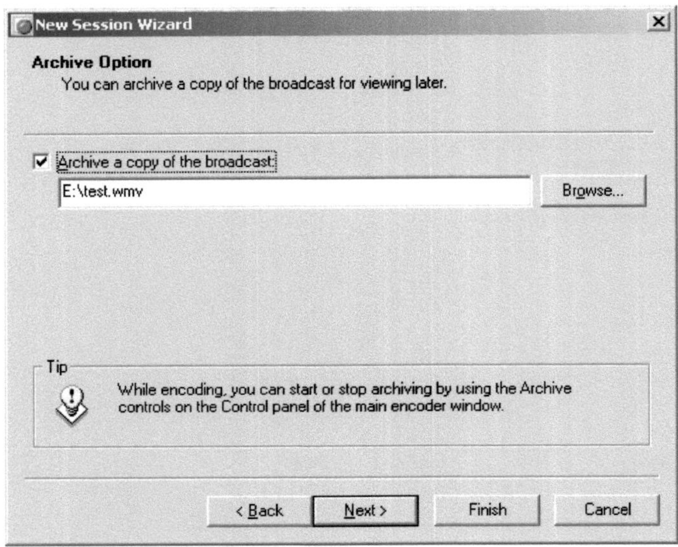

Bild 8.1.17

Dann die Auswahlmöglichkeit von anderen Geräten ebenfalls
aufzuzeichnen (optional) bzw. ein Willkommens- oder Abschiedsvideo
einzubauen:

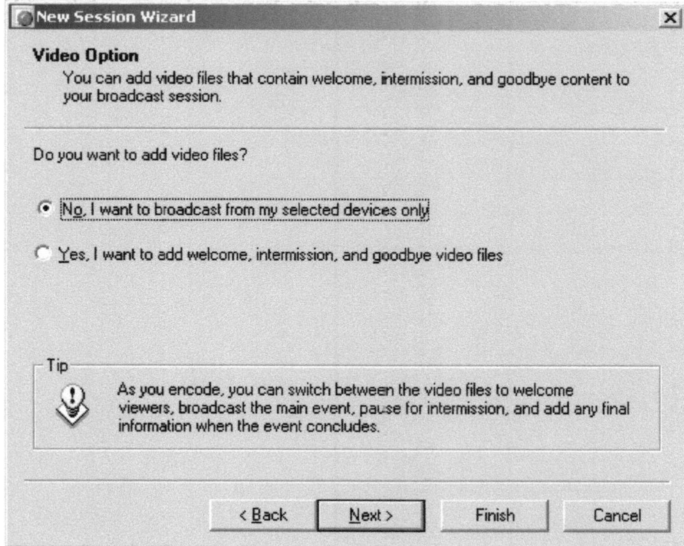

Bild 8.1.18

Einen Namen braucht man auch noch...
Wieder eine Übersicht über die Einstellungen:

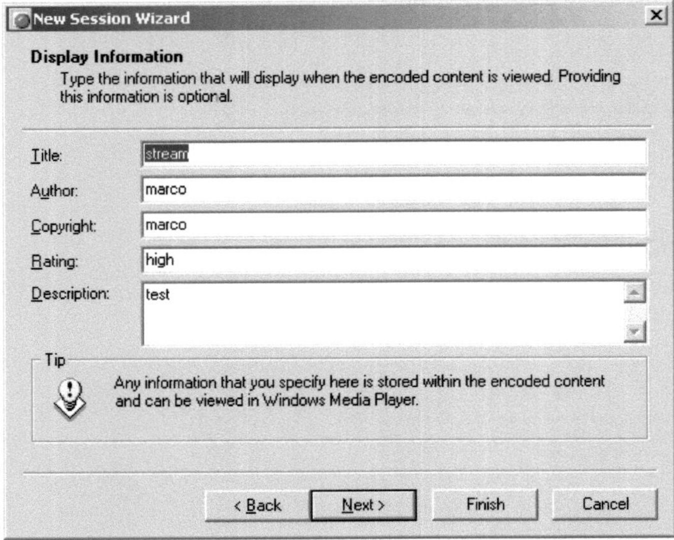

Bild 8.1.19

Diplomarbeit von Marco Scherzinger

Jetzt kann es losgehen, hier auf „Start":

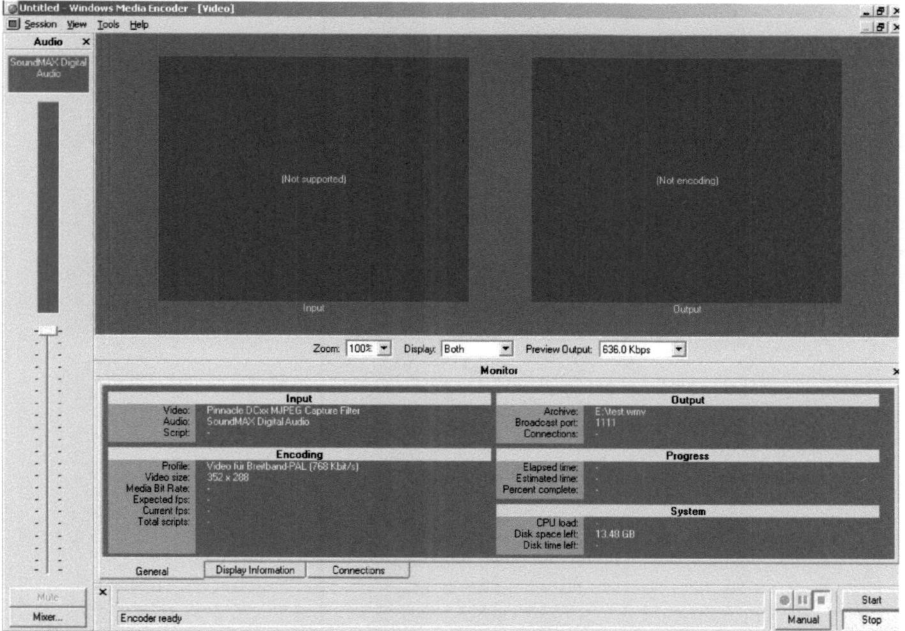

Bild 8.1.20

Dann läuft die Encoding-Session auch schon.
Damit man das Video zum Server bekommt, im Menü unter Tools –
Generate Stream Format File noch eine .asf Datei speichern, diese wird
später vom Server benötigt

8.1.21
So sieht der Encoder dann während des Betriebes aus.

8.2 Konfigurieren des Server-Pcs

Der bei dem Projekt als Server verwendete PC :
Fujitsu Siemens Celsius, Intel Xeon 2,4Ghz, 512 MB DDR-RAM, Nvidia
Quadro4 550 XGL Grafikkarte .
Installierte (relevante) Software: Windows 2000 Advanced Server,
Windows Media Server.
Auf die Installation von Windows 2000 Server wird nicht eingegangen.

Konfigurieren und Starten des Multicast

Unter Start – Settings – Control Panel erscheint folgendes Bild:

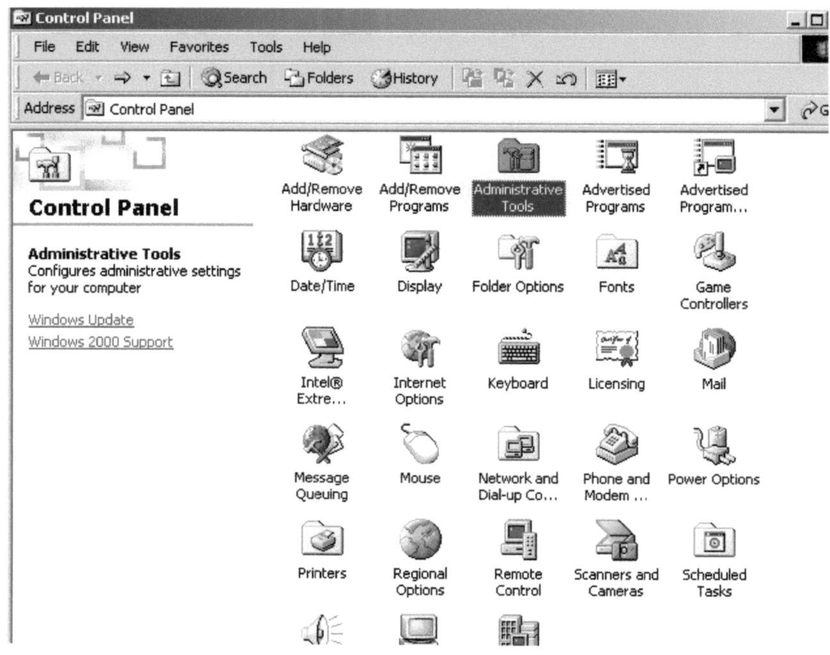

Bild 8.2.1

Hier « Administrative Tools » auswählen

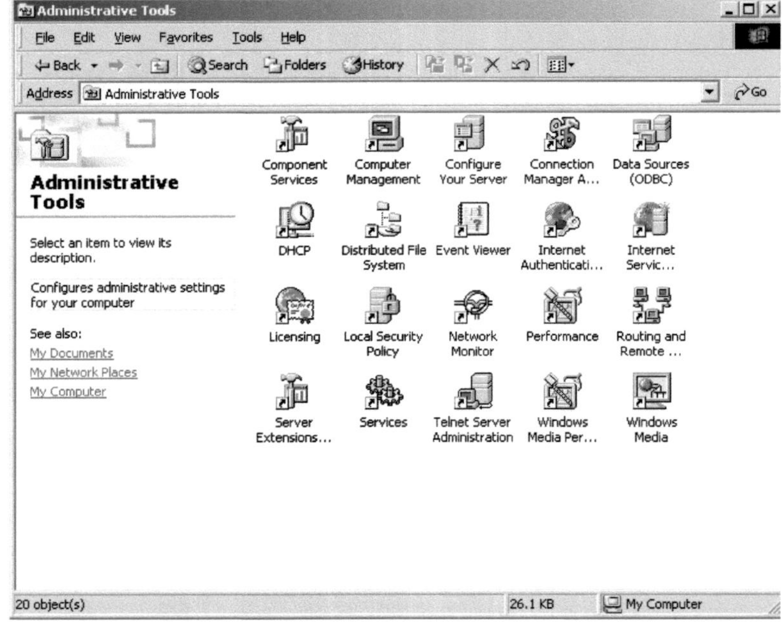

Bild 8.2.2

Dann « Configure Your Server »

Das sieht dann so aus :

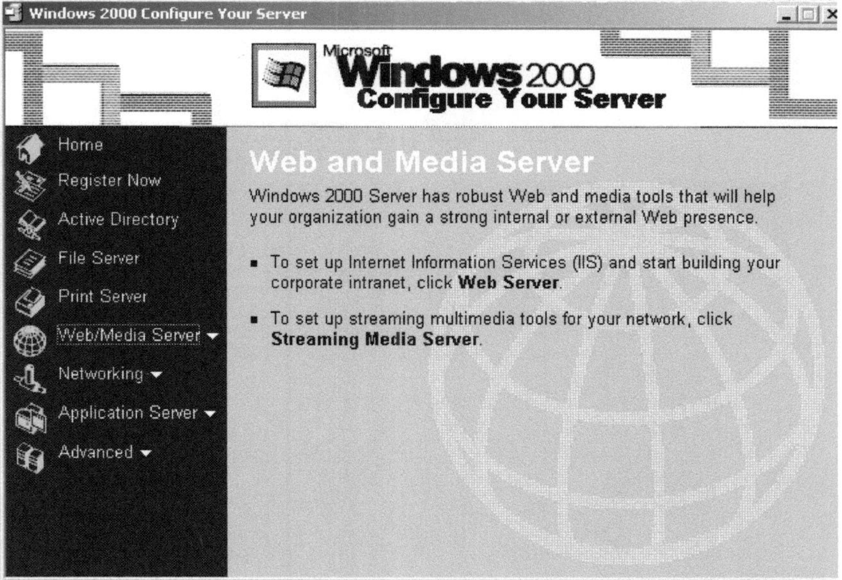

Bild 8.2.3

Auf « Web/Media Server », anschliessend auf « Streaming Media Server » und
« Manage Windows Media Services » klicken.

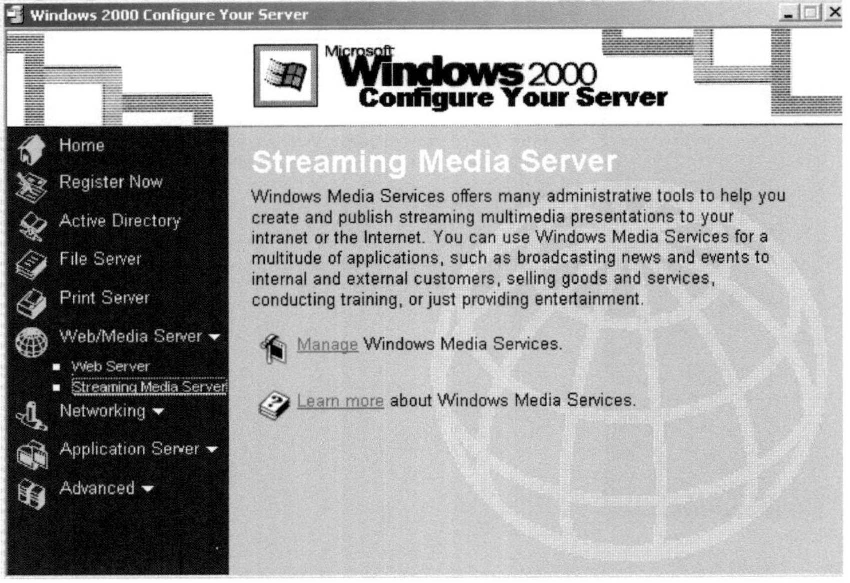

Bild 8.2.4

Dieses Fenster erscheint:

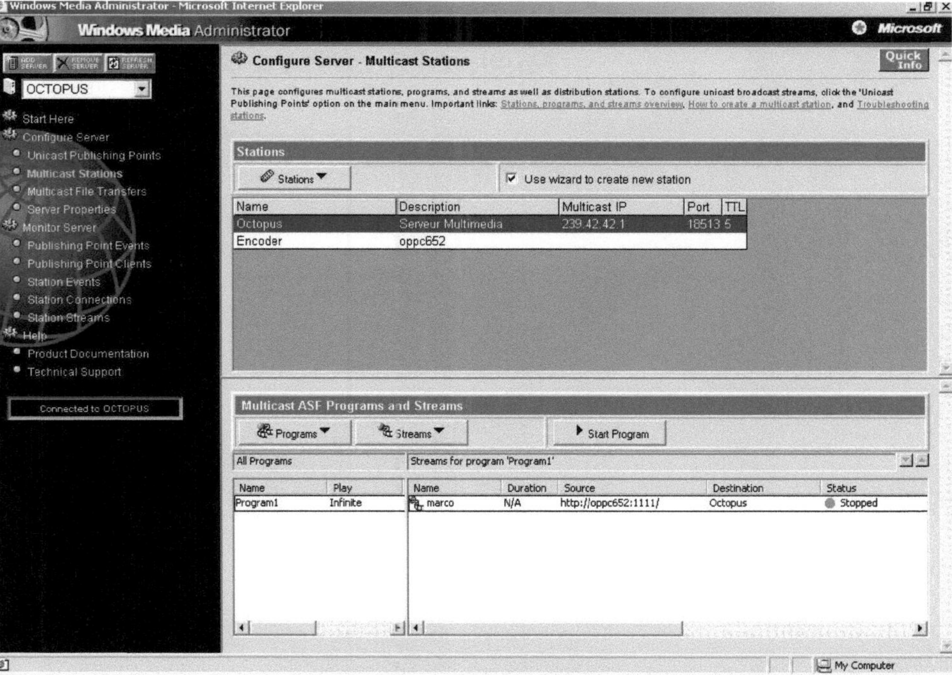

Bild 8.2.5

« Multicast Stations » wählen.

Unter « Stations » - « New » öffnet sich der Wizard :

Bild 8.2.6

Next :

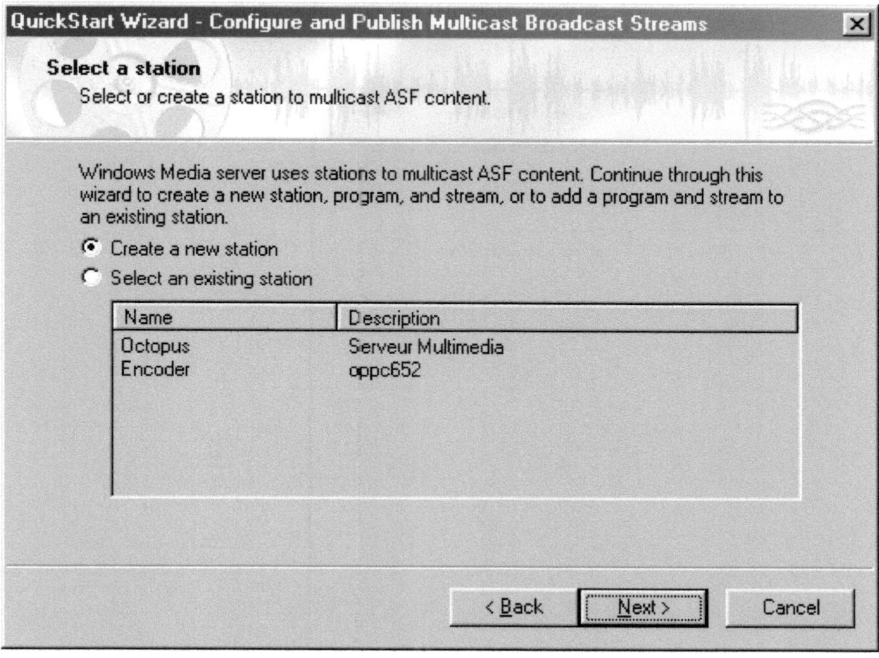

Bild 8.2.7

Wieder Next :

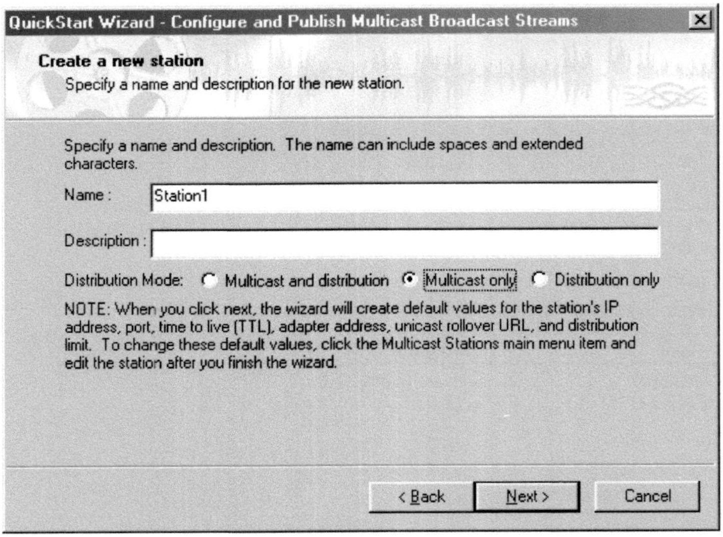

Diplomarbeit von Marco Scherzinger

Bild 8.2.8

Hier einen Namen angeben, eine Beschreibung, und für Multicast wählt man « Multicast only ».

Nun einen Programmnamen und einen Namen für den Stream angeben

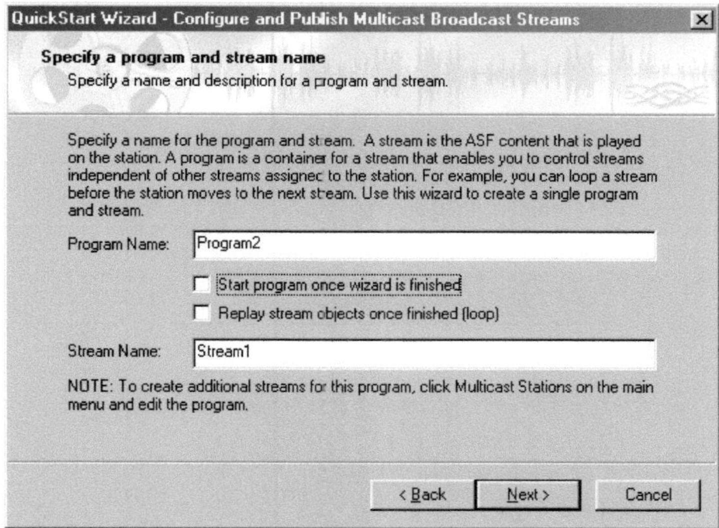

Bild 8.2.9

Die Quelle für die Übertragung ist in diesem Fall eine asf-Datei, der
Media Encoder selbst kann erst ab Version 9 gewählt werden.
Der Pfad für die Quelldatei (asf) muß eingegeben werden, hierbei
unbedingt auf korrekte Schreibweise achten!

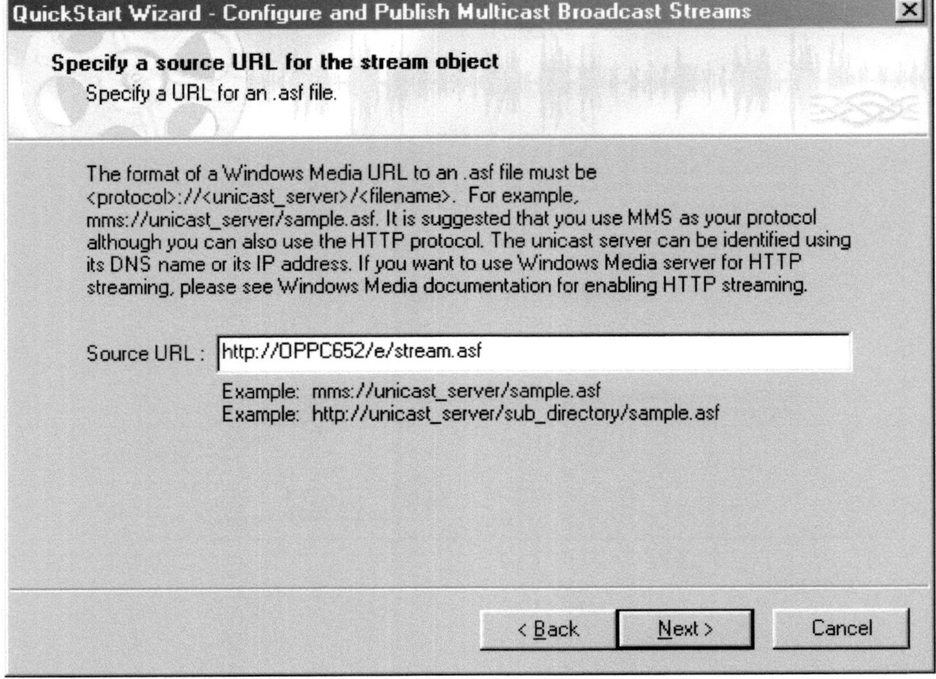

Bild 8.2.10

Jetzt kann noch einmal genau der Pfad der asf-Datei ermittelt werden, es empfiehlt sich die „Browse" Option zu nutzen.Vorsicht: es muß dieselbe Datei wie im vorhergehenden Fenster angegeben werden!

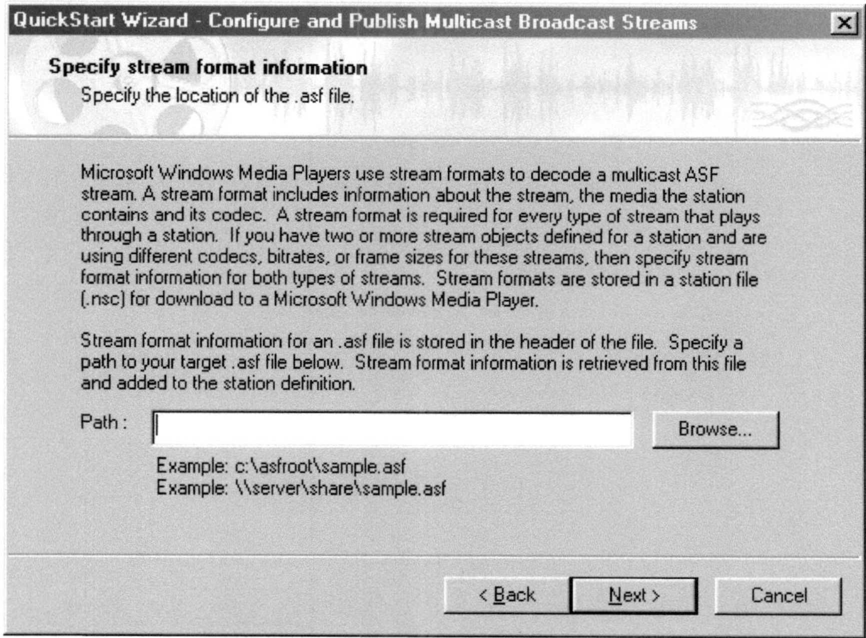

Bild 8.2.11

Die resultierende Videodatei kann gespeichert werden (sinnvoll, da diese später der Einfachheit halber benutzt werden wird)

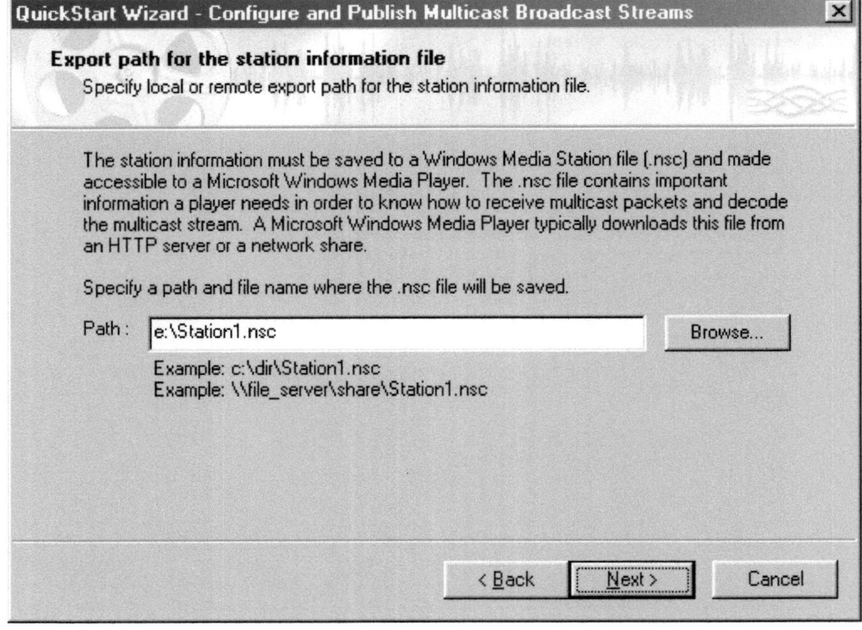

Bild 8.2.12

Der Pfadname zur späteren Benutzung im Media-Player kann entweder als Netzwerk oder HTTP-Adresse angegeben werden :

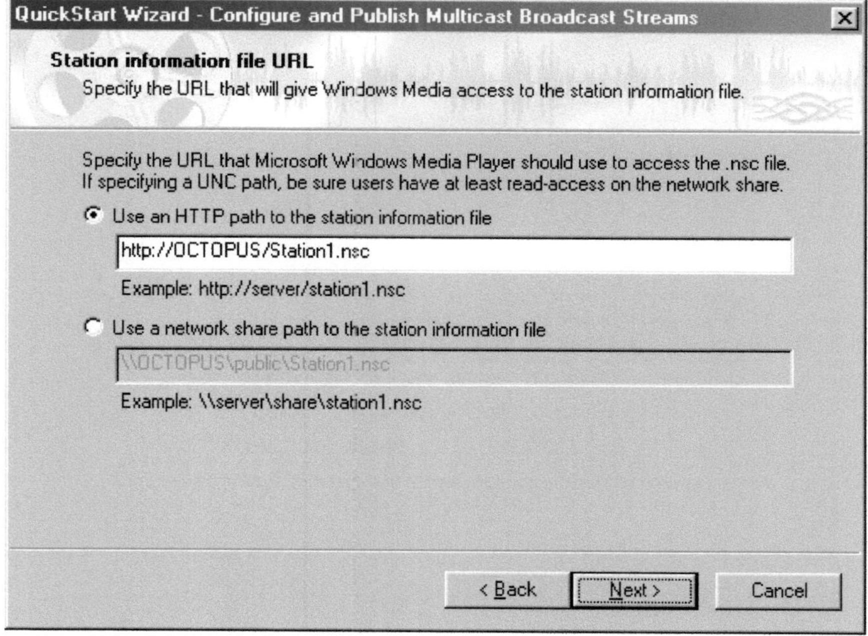

Bild 8.2.13

Sehr nützliche Seite, man kann eine HTML-Seite mit direktem Link erzeugen, der automatisch den Windows Media Player öffnet und den Stream abspielt, zu empfehlen als Startseite des HTTP-Servers (in Win 2000 Server enthalten)

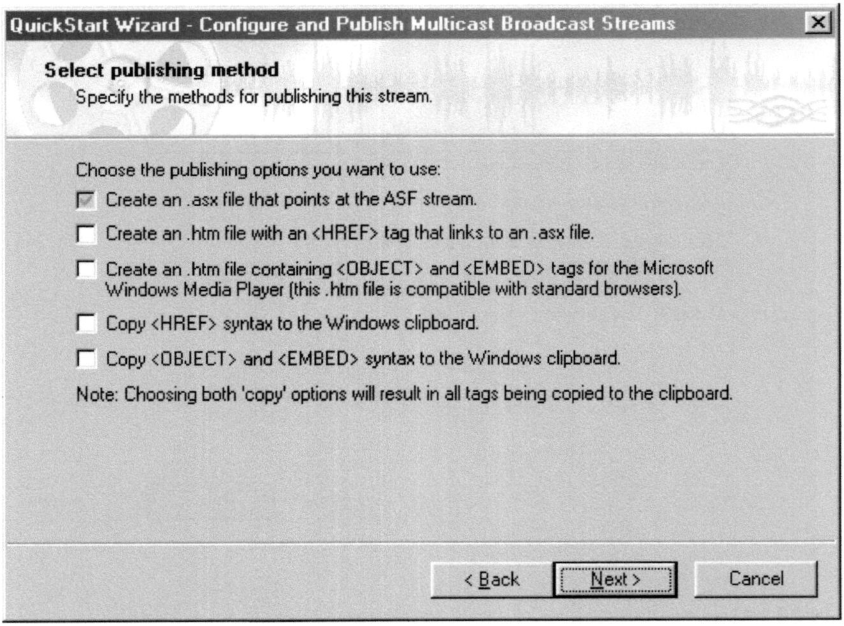

Bild 8.2.14

Eine Übersicht über die gewählten Einstellungen:

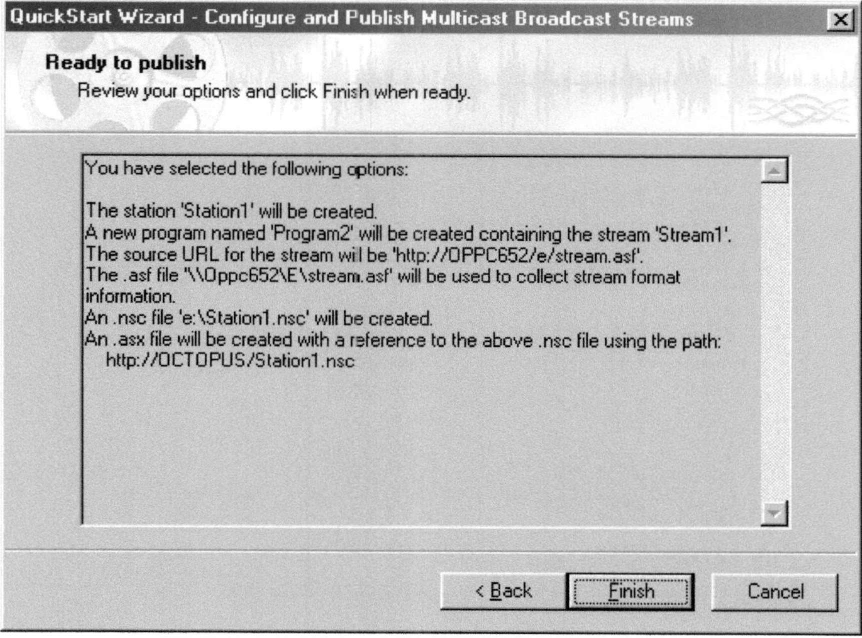

Bild 8.2.15

Die vorher ausgewählten Dateien werden gespeichert (analog für alle Dateien, daher nur ein Bild):

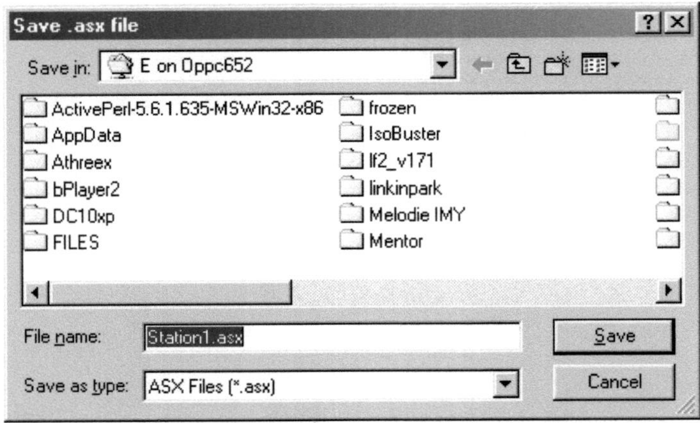

Bild 8.2.16

Letzte Übersicht über die Einstellungen vor dem Beginn:

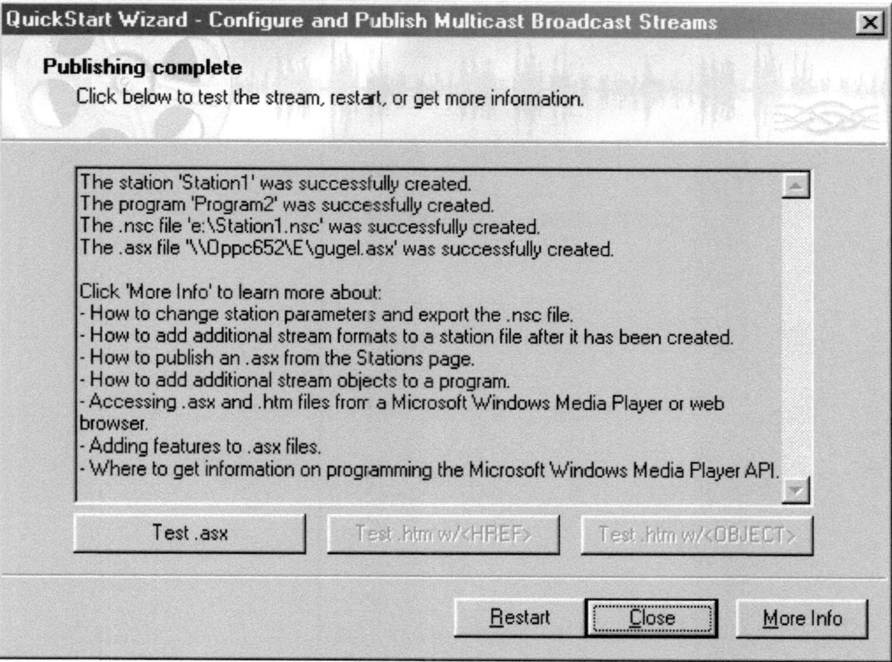

Bild 8.2.17

Diplomarbeit von Marco Scherzinger

Dann zurück zu dem Hauptbildschirm:

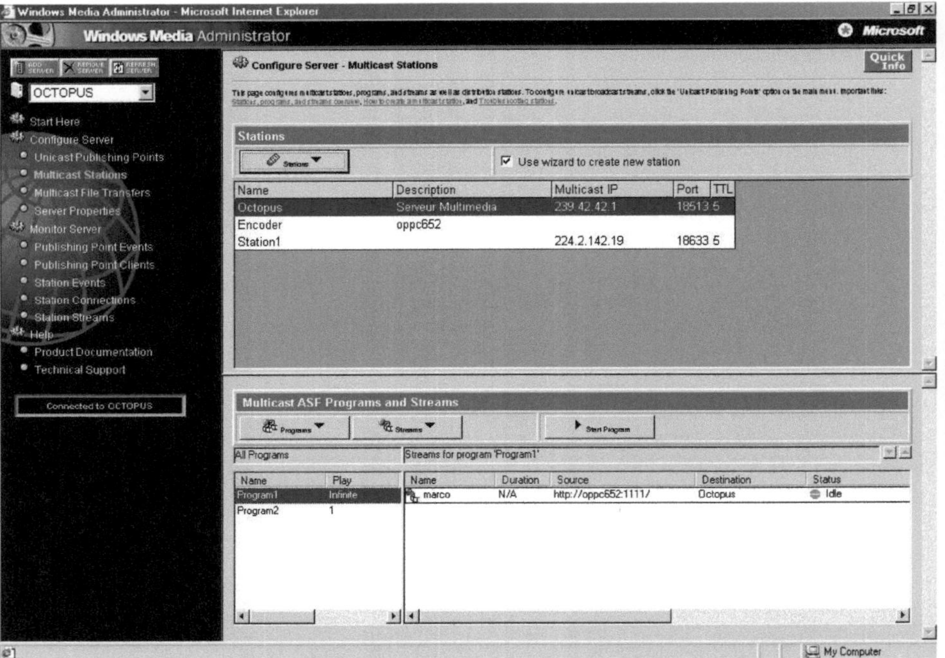

Bild 8.2.18

Diplomarbeit von Marco Scherzinger

Letzte Einstellung :

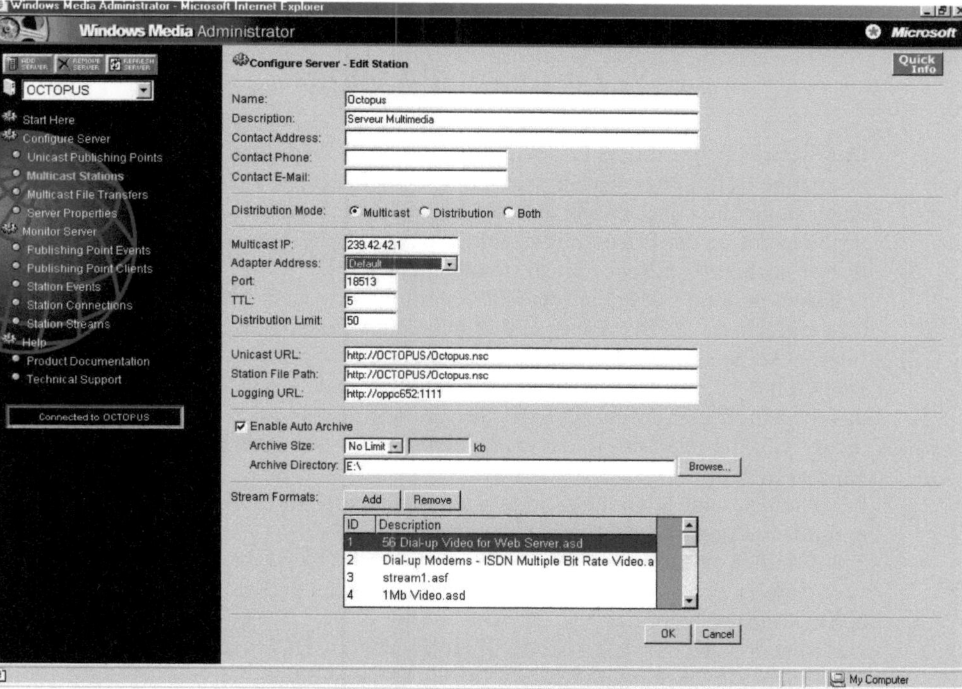

Bild 8.2.19

Distribution Mode auf Multicast, die Multicast IP (hier 239.42.42.1), den
Port, TTL und das Distribution Limit (frei wählbar) eingeben.
Wichtigster Eintrag: bei Stream-Format unbedingt die asf-Datei
hinzufügen (steht in keiner Anleitung), da diese wichtige Informationen
enthält und ohne sie die Übertragung nicht läuft.
Ok drücken.

Jetzt ist alles konfiguriert und man kann den Start-Knopf betätigen.
In der Zeile „Status" sollte jetzt ein kleiner grüner Kreis und „Running"
erscheinen.

9. Zusammenfassung

Das Verwirklichen dieses Projektes erforderte viel Geduld und eine nicht
zu knappe Befragung aller Suchmaschinen des Internets.
Auch stellte die hohe Anzahl an möglichen Clients augenscheinlich ein
Problem dar, in der Praxis zeigte sich jedoch, dass das Netzwerk und der
Server auch großen Belastungen standhielten.
Die Einarbeitung in das Picturetel-Videokonferenzsystem war auch nicht
sehr einfach, da die Bedienungsanleitung nicht vorhanden war und im
Internet keine aufzufinden war.
Doch mit der Hilfe der Mitarbeiter der équipe réseau und viel Geduld lief
das System. Die Konfiguration des Servers war mittels Microsoft-Hilfe
nicht fehlerfrei möglich, so dass auch hier eine Portion Probieren
angesagt war.
Letztendlich habe ich mich sehr gut einarbeiten können, wurde unterstützt
und meine Fragen wurden gerne beantwortet.
Ziel für mich selbst war es, die Kodierungsverfahren und die
verwendeten Protokolle genauestens kennenzulernen und möglichst
effektiv einzusetzen.
Das System läuft nun seit 3 Monaten fehler- und ausfallfrei und
ermöglicht allen Mitarbeitern des OPOCE während der Arbeit ein
Zusehen oder Zuhören der Konferenzen die mittels Multicast in das LAN
eingespeist werden.

10. Quellenverzeichnis

Da nicht wortwörtlich aus den Quellen zitiert wurde stehen zu Anfang
des Kapitels immer die entsprechenden Nummern zu den verwendeten
Quellen.

10.1 Literaturverzeichnis:

[1] TCP/IP für Dummies, C.Leiden u. M.Wilensky, ISBN 3-8266-2910-8
[2] Lokale Netze , Franz-Joachim Kauffels, ISBN 3-8266-4092-6
[3] Luxemburg, Dumont Reisetaschenbuch, ISBN 3-7701-3805-8

10.2 Internetquellen

[4] http://www.microsoft.com/windows/windowsmedia/default.asp

[5] http://archiv.tu-chemnitz.de/pub/2000/data/4.html

[6] http://www.apple.com/quicktime/products/qt/specifications.html

[7] http://www.apple.com/quicktime/products/broadcaster

[8] http://developer.apple.com/projects/streaming/

[9] http://www.lanline.de/spezial/2001/lan_sh_0501_028.html

[10]
http://www.microsoft.com/windows/windowsmedia/serve/multiwp.aspx

[11] http://msdn.microsoft.com/library/en-
us/dnwmt_serving.asp?frame=true

[12] http://www.uni-regensburg.de/EDV/Video/vprod.html

[13] http://www.pctvsat.com/html/streaming_server.html

[14] http://www.urz.uni-heidelberg.de/Netzdienste/neumed/technik.html

[15] http://www.personal.uni-jena.de/~pfk/MPP/audiocoder_german.html

[16] http://home.t-online.de/home/Dietrich.Kracht/netshow.htm

[17] http://carol.wins.uva.nl/~fransve/mm/multimedia3.html

[18]
http://www.microsoft.com/windows/windowsmedia/serve/multiwp.aspx

[19] http://w3.siemens.de/solutionprovider/_online_lexikon/

[20] http://socrates.uhwo.hawaii.edu/BusAd/Flower/video/sld001.htm

[21] http://www.surfnet.nl/publicaties/brochures/conferencing/links.html

[22] http://skin.surfnet.nl/video-audio/streaming/multicastcookbook.shtml

[23] http://www.videnet.gatech.edu/cookbook//

[24]
http://www.ahearnvideo.com/links/Windows%20Media%20Codec.htm

[25]
http://www.cisco.com/en/US/tech/tk828/tk363/tech_white_papers_list.ht
ml

<u>11. Bilder</u>

Eigene Bilder (Screenshots)

8.1.2 bis 8.1.21 (Seite 43ff) und 8.2.1 bis 8.2.19 (Seite 63ff)

Aus dem Internet:

Titelbilder:
http://www.onlinecables.com/img-bin/com/photo/lan.jpg
http://www.isfates.com

2.1.1 http://eur-op.eu.int/images/officemercier.jpg   Seite 5

2.2.1 http://www.lib.utexas.edu/maps/europe/luxembourg.jpg   Seite 10

2.2.2.1 http://www.leuropevueduciel.com/img/luxembourg-palais.jpg
Seite 12

2.2.3.1
http://www.shopsite.com/html/tinas-mgr-demo/media/piggy.bank.gif
Seite 15

2.2.4.1 http://www.malenundmehr.de/Links/www.der-saarlaender.de.gif
Seite 16

3.4.1 http://www.iproducts.com.tw/communication/avlinx/2000-s.jpg
Seite 19

4.1 www.microsoft.com/windows/windowsmedia/ serve/multiwp.asp
Seite 21

5.1
http://www.cisco.com/en/US/tech/tk828/tk363/tech_white_papers_list.ht
ml   Seite 28

6.1.2 www.uni-jena.de/~pfk/mpp/ audiocoder_english.html   Seite 32

6.1.2.1 -6.1.2.3 http://www.richard-koch.com/mp3.htm   Seite 33

7.1.1 – 7.1.5 g.unsa.edu.ar/doc/suse/ suselxen/html
          www.jobserve.pt/
          www.thaisarn.net.th/ projects.html

12. Tabellenverzeichnis